KB074080

공기의 탐구

김기융 지음

전파과학사

머리말

일반적으로 과학 교육의 목적은 단지 필요한 과학적 기술의 일부를 습득하는 일에 그치지 않고, 교과서 또는 강의를 통하여 얻은 과학자의 연구 결과의 총괄적 지식이 어떠한 실험을 통하여 이룩된 것인가를 구체적으로 이해하는 데 있다. 그러므로 과학 교육에서는 지식과 그 기법을 확실히 익힘과 동시에 결론과 실제 사이에 어떠한 연결과 차이가 있는가를 판별하며, 과학적 판단력의 기초를 다지는 일이 중요하다.

개념적으로 고정된 지식으로써 자연 과학상의 사실을 알고 있는 것이 아니라 자연과학을 과학자의 활동으로 이해하여, 자신의 탐구 활동으로 알아낸 바를 제3자에게 발표하여 평가받을 수 있는 능력을 갖추고 있어야 자연과학자라 할 수 있는 것이다. 그러므로 어느 과학자가 탐구하고 있는 일에는 반드시 그 과학자의 인간성(인격), 창의성의 일면이 드러나 있음을 간과해서는 안 된다.

그 일면을 가장 분명하게 드러내는 것이 과학의 역사이고, 과학의 역사적 발달 과정에 공헌한 과학자의 탐구 사례를 통하여 과학자의 개인적 창의성과 업적, 호기심과 용기, 온갖 인간성을 엿볼 수가 있다. 이것은 우리가 오늘날 살아가며 탐구를 시도하는 원동력으로써의 지혜요, 거울의 역할을 하는 것이다.

교육의 본뜻은 지식을 배우는 데 있고 지식을 배운다는 것은 사람이 되기 위한 인간 활동이다. 그리고 교육은 모든 사람이 자기 자신을 교육할 수 있는 처지, 욕망, 힘을 지닐 수 있도록

지도하는 일인 것이다. 그러므로 학문은 자기 수련, 즉 사람이 사람으로서 성장하는 활동이고 사람으로서 가야 하는 길(본보기)이다.

스승의 길이 확립되면 제자의 길은 자연히 확립된다. 스승은 구체적인 활동을 통하여 지식을 생산, 활용, 운용할 수 있는 사람을 의미한다. 그러므로 스승은 학자적이어야 한다. 또 학자란 배우는 일을 자기의 도(道), 낙(樂)으로 하는 사람이다. 그리하여 학자는 학리(學理)를 근거로 하여 도리(道理)를 파악하는 것이다.

따라서 자연 과학과 기술을 공부하거나 이에 관한 이해를 넓히고자 하는 사람이면 우선 현대 자연 과학의 건설에 초석을 놓은 발명가에 관한 구체적 업적을 두루 알 필요가 있다. 특히 과학을 가르치는 교사나 교수들은 지루할 수도 있는 과학의 강의 시간에 학습자들에게 과학의 역사에 등장하는 인물들의 업적이나 일화를 종종 소개함으로써 잠시 학습 주제와 관련한 숨겨진 여러 가지 사실을 더 많이 알게 하고 그 소재에 관한 이해를 넓힐 수 있으며 과학자들의 인간성에 심취할 수도 있을 것이다.

비단 교사나 교수뿐 아니라 학습자들에게도 이러한 학습 과정의 다양성은 학습 지도 기술의 중요한 부분이며, 서로 머리를 식히면서 과학자로서의 인간을 이해하는 중요한 계기가 될 것이다.

과학의 역사에 나오는 인물은 과학의 역사가 오래된 만큼 그 수도 많고 그에 관한 일화도 다양하여 그 선정에는 한계를 둘 수밖에 없다. 이 책에서는 주로 공기(기체)라는 주제를 탐구하여 많은 새로운 사실과 법칙을 밝혀낸 과학자들의 업적을 소개한다. 공기 또는 기체는 자연 과학의 형성 초기부터 많은 과학자의 호기심을 사로잡을 만한 대상이었으며, 수많은 역경을 무릅쓰고 이룩해 낸 탐구의 결과다. 이 가운데에서도 더욱 중요한 것은 기체, 공기의 탐구에서 원자론이 탄생하고 확립되었다는 사실이다. 특히 원자론은 근대 과학의 중요한 부분을 차지하고 있으며, 이것은 화학에서 화학 결합과 분자 구조를 설명하는 기초가 될 뿐 아니라 생물학에서 생물체 안에서의 생물화학적 과정과 유전자의 화학적 기능을 설명할 때도 원자론을 기초로 삼고 있다. 이와 마찬가지로 물리학에서도 원자론을 수많은 여러 가지 거시적 현상을 이해하는 기초로 삼고 있다.

그러므로 이 책을 읽고 17세기부터 공기, 기체에 관한 연구가 연대순으로 어떻게 확산, 발전해 왔는지의 흐름을 잘 알 수 있으며, 과학자로서의 몇몇 인간의 모습을 이해하고 탐구에 관한 많은 교훈을 얻을 수 있는 좋은 교양적 책이 되었으면 좋겠다.

또 최근에 와서 산업이 그 발전 속도를 더욱 가속화함과 더불어 지구상의 오염이 인간 생존의 심각한 문제로 인식됨에 따라 지구촌의 안전 보존이란 말과 지구 공동체란 말이 나오고 있다. 이는 선진국, 후진국을 초월하여 70억 공동체 모두가 한마음 한뜻으로 깨끗한 자연환경의 보존·재건에 함께 힘쓰자는 의미일 것이다. 이런 점을 감안하여 온실 효과와 오존층에 대한 지식도 부분적으로 첨가했다.

끝으로 이 작은 책자가 앞으로 과학에 흥미를 불러일으켜 더욱 많은 그리고 보다 뛰어난 자연 과학과 기술 분야의 지망생이 나타나는 데 기여할 수 있다면 더 이상의 기쁨은 없을 것이다.

김기융

차례

8

자연을 어떻게 이해할 것인가

자연 과학의 성과와 그 응용이 오늘날 세계에서 발휘하고 있는 역할과 그 위력을 이해하려 할 때, 자연과학이란 무엇인가에 대한 적정한 이해가 필수 불가결한 사항이다.

과학을 바르게 이해하는 일은 현대를 살아가는 모든 사람에게 공통의 과제라고 해도 과언이 아니다. 이에 대한 이해와 견해 그리고 전망을 얻기 위해서는 자연과학의 내용 그 자체에 대하여 어느 정도의 지식과 이해가 필요함은 당연한 일이지만 이것만으로는 불충분하다. 과학의 지식 내용에 관계된 이해와 더불어 다음과 같은 일을 이해하지 않으면 안 된다. 즉 자연 과학자는 자연을 어떻게 연구해 가고 있는가? 또 자연 과학은 어떻게 진보, 발전되고 있는가? 과학적 진리란 어떤 성격과 본질을 가지는 것인가? 과학적 연구가 촉진되기 위해서는 어떠한 사상적· 문화적·사회적 기반과 분위기가 필요한가? 자연 과학과 다른 학문 분야와 문화 전반과의 연관은 어떠한 것인가? 같은 사항들이 수반되어야 한다.

그러나 종래의 교육에서 과학의 지식 내용을 습득하는 일에는 많은 노력과 더불어 많은 간행물이 발간됐지만 그 밖의 사항에 대해서는 그 필요성이 충분히 인식되지 않은 채로 방치되어 온 인상을 감출 수 없다. 어찌 되었건 자연 과학의 지식만 가지고 자연 과학의 본질을 이해·평가할 수 있다는 생각은 큰 착각이다.

우리는 'The Logic of the discovered'와 'The Logic of

discovery'는 전혀 다른 것임에 주의해야 한다. 즉 발견된 지식 내용을 기술하는 논리와 '처음으로 새로운 것을 발견·탐구해 가는 논리'는 별개의 것이다. 확립된 과학 지식의 체계는 미지의 분야에 도전하여 이것을 해명해 가는 방식과는 유사하지 않은 점이 더 많을지도 모른다. 콜럼버스의 달걀은 이와 같은 차이를 인식하지 못한 사람들에게 제시한 하나의 예라 할 수 있다.

과학의 학습을 통하여 위와 같이 상반되는 여러 가지 측면을 보완하지 않는다면 그 결과는 지나치게 독단적인 외길에 빠지고 만다. 이렇게 되면 과학의 본질은 넓은 의미에서의 재미와 전율도 맛보지 못할뿐더러 스스로 연구자가 되어 연구 생활을 추진해 갈 때의 벅찬 감회도 예상하지 못할 것이다. 오늘날 학교에서 배우는 개개의 과학 지식은 단지 예정된 시험에 합격하기 위하여 습득하지 않으면 안 되는 무거운 짐으로만 여겨진다. 입학이나 졸업 또는 취업 등의 목적을 달성하기 위하여 뛰어넘어야 할 힘겨운 장애물로밖에는 생각되지 않는다.

그러나 한편 자연이라고 하는, 그토록 놀라움과 신기함으로 가득 찬 대상에 대하여 아무런 감동과 신기함을 맛보지 못하고 배우는 것같이 실망스러운 일이 또 있을까? 옛날 과학자들이 생동하는 탐구 의욕의 소산으로 획득한 지식이 오늘의 청소년에게는 단순한 자료 이외에는 아무것도 아니며, 성인에게는 학창 시절의 악몽으로밖에는 기억되지 않는다면 이보다 더한 이율배반적인 슬픈 희극이 또 있을까!

이와 같은 결과로 많은 사람이 억제할 수 없는 정열과 호기심에서 자연 과학을 택하기보다는 취업 때문에 택하고, 어학이

나 사회학 분야보다 수학이나 과학이 덜 귀찮다는 등의 소극적
인 이유로 자연계를 택하는 경향이 농후한 것이 아니기를 바란
다. 자연 계열에 대한 참신한 추구와 더불어 앞서 언급한 독단
적이고 편견으로 가득 찬 학습 방법을 반성하고 개선하는 노력
과 실천만이 과학교육을 개선해 갈 수 있을 것이다.

　원래 오늘날 자연 과학이라고 하는 학문은 한국적인 문화 풍
토에서 성장한 것이 아니다. 이것은 대체로 서구 봉건 제도의
문화권에서 탄생한 것이다. 자연에 대한 과학적 탐구 과정이라
는 것도 청풍명월(淸風明月)을 읊조리며 자연을 바라보던 우리
의 선조와는 완전히 다른 자연에의 접근 방법이다. 그 결과 우
리 선조는 근대 자연 과학과는 전혀 다른 문화적 산물을 탄생·
발전시켰다. 한편 현대의 한국인으로서는 서구 문화권에서 탄
생하여 발전하여 온 근대 과학이나 이것과 연결된 과학 기술이
발휘하는 막강한 힘을 경험하였을 때 크나큰 놀라움과 부러움
을 실감하게 되었다. 흥성대원군의 화륜선 셔먼호의 복원 시도
는 그 실례의 하나일 것이다. 이것이 19세기 말엽의 일이다.
이때부터 나라의 문호를 서양 제국에게 열어 놓고, 이와 같은
서양의 개화된 문명과 문화를 흡수, 동화하는 데에 국가적 노
력을 기울여 왔다. 한국의 과학 교육 또는 근대 교육도 이와
같은 급변하는 상황에서 시작되어 오늘에 이르고 있다.

　이와 같은 이유로 외국에서 발전된 학문이나 결과를 신속·유
효하게 배워 익히는 것을 강조하여 여러 분야의 연구가 진행
중이지만 연구의 바탕이 되는 부수적 사항에는 거의 배려할 겨
를이 없었다 해도 과언이 아닐 것이다. 그러나 이러한 피상적
인 일로는 선인의 연구 성과를 이해하고 모방할 수 있을지 몰

라도 스스로 음미하며 새로이 만들어 나가는 힘은 키워지지 않
는다. 또 자연 과학의 어떤 분야에만은 통한다 하더라도 여타
분야와의 연관성이 파악되지 않으면 새로운 중간 영역을 개척
할 수도 없고, 또 연구를 어떻게 추진해야 실제로 우리 사회에
공헌하게 되는지 가늠할 수도 없게 된다. 이렇게 하다 보면 확
고한 신념 없이 시대의 유행에 편승하여 왈가왈부(曰可曰否)에
그치고 마는 결과가 된다든지 우리의 실정을 도외시하고 무조
건 선진 외국의 사례를 우리에게 이식하려다 무위로 끝나고 마
는 일에 일관할 수밖에 없을 것이다. 오늘의 과학을 배우거나
가르침에 임해서는 당연히 현재에 이르는 한국의 역사적 상황
에 대한 바른 인식과 반성에 따라, 미래를 지향하며 그 개선이
실효를 거둘 수 있는 확실한 방향과 방법으로 성실한 실천이
계속되어야 한다.

자연 과학을 배우는 자세가 바르지 못한 데 대한 주장과 충
고는 많은 문헌에서 드러나 있는데, 그중에서도 우리에게 실감
을 주는 것은 일본의 개화기인 1870년대에 초빙되어 동경 대
학에서 의학을 가르쳤던 독일인 교수 베르츠의 한 강연에서 엿
볼 수 있다. "… 일본 사람들은 서양 과학의 기원과 본질을 가
끔 오해하여 마치 과학이란 기계와 같은 것으로, 필요할 때 어
디에나 운반해 놓고 일하게 할 수 있는 것인 양 생각하고 있는
데, 이것은 참으로 잘못된 생각이다. 식물체의 성장에는 일정한
기후와 더불어 부수적인 조건이 갖추어져야 하듯이, 과학의 성
장에는 서양인들의 지성적, 정신적 분위기가 형성되어 있었음
을 이해해야 한다. 외국인 과학자는 가르치는 일을 통하여 이
러한 정신, 지성의 소유자로서 그가 가지고 있는 바를 일본에

심어서 성장케 하려는 데 힘쓰고 있는 데 반하여, 과학의 나무를 키워나갈 사람으로서의 일본인들은 과학이라는 나무에 열린 과실을 따내어 파는 사람의 역할을 하고 있다. 즉 일본인은 최근의 과학의 성과를 받아들이는 일에 열중한 나머지 그러한 성과를 초래한 정신을 배우려는 데는 소홀히 하고 있다. 그러나 실은 외국인 교수와의 접촉을 통하여 강의 내용뿐 아니라 강의 내용의 근원지인 탐구 정신의 작업장을 주시하는 일이 반드시 같이 실천되어야 한다. 일본인 자신의 힘으로 과학의 성과를 생산하려면 그 과학의 정신을 내 것으로 소화하지 않으면 안 되는 것이다."라고 말하고 있다.

오늘날 우리 주변에는 학습 자료들이 비교적 풍부하게 나돌고 있다. 우리는 이들 지식·정보·재료 안에 함께하는 탐구 정신의 작업장을 주시함으로써 과학의 정신을 내 것으로 동화하는 시도를 촉진해야 한다.

1. 눈에 안 보이는 물질

그 누가 바람을 볼 수 있을까
그대와 나 그 누구도 본 일은 없다
그러나 가로수가 고개 숙여 나부낄 때
바람은 유유히 지나가고 있다

이것은 영국의 여류 시인 크리스티나 로제티의 시를 우리말로 옮긴 것이다. 우리 주변에는 여러 가지 물건(물질)이 많다. 종이나 나무, 천(옷감)이나 물 등은 눈으로 볼 수 있고, 손에 잡을 수도 있고, 만져 볼 수도 있어서 틀림없이 그것이 있다는 것을 확인할 수가 있다. 또 저울을 사용하면 그것의 무게를 잴 수 있고, 메스실린더를 사용하면 그 부피를 잴 수도 있다. 반면 바람은 눈으로 볼 수도 없고 손으로 잡을 수도 없다. 그러나 바람이 세차게 불 때 우리는 날려갈 것 같은 느낌을 받기도 하고, 솔솔 불어오는 바람이 이마나 볼을 스쳐 갈 때 기분 좋게 느끼기도 한다. 그러므로 우리들의 주변을 무엇인가 스쳐가는 것만은 틀림없이 감지할 수가 있다. 이 무엇인가를 사람들은 공기라고 이름 붙였다. 그러나 책상이나 잉크와는 달리 공기를 물건(물질)이라고 말해야 좋은지 어떤지를 알게 된 것은 약 300년 전의 일이었다. 원래 공기의 공(空)자는 '아무것도 없다', '비어 있다'는 것을 뜻하고 아무것도 없는 '하늘: 허공'의 뜻을 가지고 있다. 또 공기의 기(氣)자는 '기분'이나 '정기' 또는 '영혼'이라는 뜻을 지닌 글자이다. 즉 바람을 일으키는 공기는 돌과 같은 '물질'이라고 확실하게 말할 수 없어서 무엇인가

16

'영혼'이나 '정기'와 같은 기묘한 것이라고 여겨왔다. 우리는 항상 숨을 쉬고 있다. 코에서 공기를 들이마시고 또 이것을 날숨을 통해서 몸 밖으로 내놓는 것을 느낄 수 있다. 사람이 살아 있어 숨 쉬고 있는 한은 누구나 공기를 들이마시고 내쉬어야 했으므로 옛사람들은 더욱 공기와 영혼·정기를 서로 떼어 놓을 수 없는 것으로 생각했다. 이러한 생각들은 동서양을 가리지 않고 어느 나라에서나 거의 똑같았다.

여러분도 하수도 물이 고이는 곳이나 시궁창(늪지) 또는 연못가를 긴 막대로 꾹꾹 찌르면 부글부글 소리를 내며 거품(공기방울)이 나오는 것을 본 일이 있을 것이다. 또 집에서 빵을 만들 때 물로 반죽해 놓은 밀가루 덩이가 차츰 부풀어 오른다든지 술을 빚을 때 술독에서 계속해서 거품이 발생하는 것을 본 사람도 있을 것이다. 옛사람들은 이 모든 거품을 공기와 똑같은 것으로 생각하여 공기 또는 기체라는 말로 불렀다. 영어권에서도 'air'라는 말로 예부터 넓은 의미·추상적인 의미를 나타내는 말로 사용했다.

2. 공기에도 무게는 있다

우리 주변에 있는 많은 것(물질)은 거의 무게를 가지고 있다. 새의 깃털과 같은 것에도 역시 무게는 있다. 그들은 공기는 무게가 없는 것으로 생각했다. 사실 옛사람들은 무게를 잴 수 있는 정밀한 저울을 가지고 있지 않았으며 더구나 공기는 무엇인가 신비한 영혼이나 정기와 같은 것으로 생각하고 있었다. 여

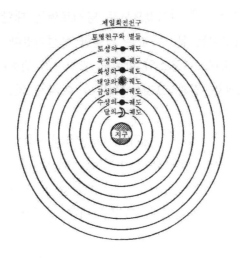

〈그림 1〉 태양계

러분도 초등학교에서 공기에 대하여 좀 깊이 배우게 될 때까지
는 그렇게 생각했을 것이다.

　그러나 공기는 영혼이나 정기가 아니라 무게를 가진다는 것,
즉 공기의 무게를 잴 수 있다는 것을 처음으로 발견한 사람은
이탈리아의 갈릴레이(Galilei, 1564~1642)였다. 갈릴레이는
1564년 '피사의 사탑(斜塔)'으로 유명한 피사에 태어났다. 그때
까지만 해도 우주(宇宙)의 중심은 지구이고, 모든 별은 물론 태
양도 지구의 둘레를 돌고 있다고 생각했다(그림 1).

　이 생각을 처음으로 잘못되었다고 주장한 사람이 코페르니쿠
스(Copernicus, 1473~1543)였다. 코페르니쿠스는 지구가 우
주의 중심이 아니라 오히려 지구가 태양의 둘레를 돌고 있다는
것을 천문학적 계산 방법에 의해서 처음으로 밝혔다. 코페르니
쿠스의 주장이 나오기 전까지 수천 년간 아무런 의문도 제기되

지 않은 채 믿어오던 것이었으므로 당시로써는 대단한 용기의 소유자가 아니고서는 할 수 없는 기발한 학설이었다.

갈릴레이는 코페르니쿠스의 학설을 확인하기 위하여 많은 별의 관측을 실행한 결과 그것은 의문의 여지가 없는 사실임을 발견했다.

즉, 1610년 갈릴레이는 자기가 만든 망원경으로 목성을 향하여 꾸준한 관찰을 계속했다. 그 결과 목성과 그 둘레를 돌고 있는 4개의 위성(달)을 발견하는 데 성공했다. 이것은 마치 지구를 돌고 있는 달과 같았다. 이것은 바로 지구가 모든 운동의 중심이 아님을 입증하는 것이다.

그 후 다시 갈릴레이는 그의 망원경을 금성을 향해 돌렸고, 그때 금성이 초승달과 같이 보였다. 이것은 금성이 빛을 내지 않고 반사하는 빛으로 반짝인다는 증거이다.

매일 밤 금성을 관측한 결과, 초승달 모양이 점점 가늘어짐에 따라 그 지름은 커져만 갔다. 또, 금성이 지구와 태양 사이로 지나가는 수일간은 볼 수 없었다. 다시, 태양의 다른 편에서 이 금성이 나타나고, 그때의 모습은 초승달이었는데 그 별은 이전의 위치와 반대 방향으로 보인다. 이것은 햇빛이 금성의 빛의 근원임을 암시하는 것이고 초승달에서 반월, 반월에서 만월로 됨에 따라 그 지름은 겉보기에는 감소되는 것같이 보였다. 이것은 금성이 지구로부터 멀어져가는 것임을 암시하는 것으로 추리할 수 있다.

〈그림 2〉에서 보면 a 위치에서는 작게 보이고, d 위치에는 거리가 비교적 가깝게 지구에 접근하고 있으며 이때는 큰 초승달로 보인다. 후에 다시 갈릴레이는 수성을 관측하였는데 금성

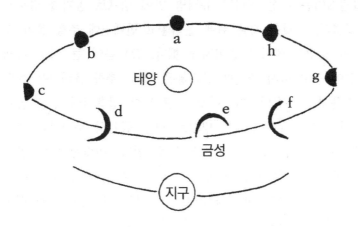

〈그림 2〉 갈릴레이가 관찰한 금성의 변화

에서 관측한 것과 똑같았다. 이상의 관측은 지구가 다른 천체
들의 중심이 아님을 분명히 해준다.

　갈릴레이는 이에 힘을 얻어 용감히 태양중심설을 주장했기
때문에 많은 사람을 놀라게 했다. 이때까지 오랫동안 유럽 전
역은 가톨릭교의 교리가 지배하고 있었다. 그래서 당시 사람들
은 갈릴레이의 주장이 가톨릭의 교리를 무시하고 세상을 어지
럽히고 문란하게 만든다는 이유로 그를 재판해서 유죄 판결을
내려 감옥에 넣기까지 했다.

　이 밖에도 갈릴레이는 여러 가지 훌륭한 연구 결과를 남겨
오늘에 이르도록 '과학의 아버지'로서 만인의 존경을 받고 있
다. 많은 연구 업적 중에 공기에도 무게가 있다는 사실을 발견
한 것만으로도 갈릴레이의 이름을 빛나게 하기에 충분할 것이
다. 그럼 갈릴레이는 어떤 방법으로 공기에는 무게가 있다는
것을 발견했는지 살펴보기로 하자.

갈릴레이는 우선 커다란 유리병 안에 펌프로 공기를 압축시켜 넣었다. 이것을 저울 위에 올려놓고 반대편에 추를 올려 저울대의 균형·평형이 만들어지게 했다. 그다음에 큰 병의 마개를 열어 놓고 다시 저울에 올려놓은 결과, 추를 올려놓은 쪽으로 저울대는 기울어졌다. 이것은 큰 병에 압축시켜 넣은 공기 일부가 밖으로 나옴으로써 밖으로 나온 공기의 무게만큼 병의 무게가 가벼워진 것이라고 해석할 수 있다. 이렇게 하여 공기의 무게가 있다는 것을 알아냈고, 다음에는 공기가 물보다 얼마만큼의 비중(무게 비율)을 가졌는지 알고 싶어졌다. 갈릴레이는 곧 공기의 비중을 재는 일에 착수했다. 그는 우선 공기를 가득 채운 원통 안에 처음부터 들어있던 공기가 새어나가지 못하게 하고 그 원통 입구의 3/4까지 물을 넣었다. 이렇게 하여 그 원통의 무게를 저울로 잰 다음 원통에 작은 구멍을 내어 3/4의 부피에 해당하는 공기를 빼내고 원통의 무게를 재었다. 이때의 두 무게의 차(밖으로 새어나간 공기의 무게)로부터 공기의 비중을 계산했다. 원통 부피의 3/4에 해당하는 물의 무게를 W로 하고, 3/4의 공기를 새어나가게 했을 때의 감소한 무게를 a로 한다면 공기의 비중은 a/W로써 계산할 수가 있었다.

갈릴레이는 이 측정 방법을 활용하여 공기가 물의 약 1/400의 무게를 가진다는 것을 알아냈다. 그 후 이 측정 방법이 개선되어 현재의 정밀한 측정 방법으로 공기의 무게는 물의 1/773이 공인되어 있다. 다시 말하면 4℃의 물 1㎤의 무게를 1g으로 기준 삼으면 공기 1㎤의 무게는 0℃ 1기압 하에서 0.00129g에 불과한 것이다.

이제까지 우리는 갈릴레이로부터 다음과 같은 것을 배웠다.

우선 갈릴레이는 당시까지 수천 년 동안 공기는 무게가 없는 정기나 영혼 같은 것이라고 많은 사람이 믿고 있는 것에 의문을 품었다. 의문을 품는 데 그치지 않고 그 의문을 해명하기 위하여 자신이 방법을 고안하여 측정해 보고 그 실험 결과를 기초로 하여 공기의 무게 유무를 확인했다. 즉 갈릴레이는 저울을 사용하여 공기가 무게를 가지고 있다는 것을 실증했다.

갈릴레이와 같은 마음가짐, 과학적 방법으로 의문을 해결코자 하는 열정, 호기심 등을 과학적 정신이라고 부른다. 다시 말하면 과학적 정신이라 하는 것은 자신이 이해하지 못하는 진리가 아무리 훌륭한 사람이 말한 것일지라도, 혹은 수많은 사람들이 예로부터 믿어오는 것일지라도, 설령 그 믿음에 반대했기 때문에 감옥에 갇혀 고통 받을지라도 스스로 직접 무게를 재어 보고 또는 시계로 시간을 측정해 본 결과를 증거로 해석·고찰하여 자신 생각이 옳다는 것을 실증하는 일을 무엇보다도 소중히 하는 것, 바로 그것이다. 이 정신에 의하여 코페르니쿠스나 갈릴레이는 수천 년 동안이나 이 세상 모든 사람이 잘못 생각하고 있던 바를 바로잡아, 지구는 태양의 둘레를 돌고 있으며 공기에도 무게가 있다는 것을 우리에게 처음으로 가르쳐 주었다. 이와 같은 위대한 업적 때문에 우리는 오늘날 갈릴레이를 '근대 과학의 아버지'로서 존경하고 있다. 그 당시에는 측정 같은 것은 전혀 하지 않고 단지 머릿속에서 막연하게 공기는 무게가 없다든지, 인간은 신이 만든 것이므로 이 지구는 우주의 중심에 있어야 한다는 등 무책임하게 생각하고 또한 그것을 관습적으로 믿어왔던 것에 불과했다.

이러한 어이없는 일이 옛날에만 있었던 일로 오늘날에는 이런 부류의 일이 전혀 없다고 생각해도 좋은가? 어느 시대에도 앞서 본 바와 같은 이치에 합당치 않은 일이 많은 사람에 의해서 가르쳐질 수도 있는 일이고, 더욱이 이런 터무니없는 일이 당대에 훌륭하다는 사람들로부터 가르쳐지고 신봉될 수 있음을 우리는 항상 경계해야 한다. 우리는 갈릴레이나 코페르니쿠스에게 진리를 사랑하고 탐구에 대한 불굴의 정신을 이어받아 이 세상에 존재하는 이치에 합당치 않은 일에 대하여 끝까지 도전하여 더욱 정확한 지식을 많은 사람에게 바르게 가르쳐 주어야 한다. 과학을 배움에 있어 과학이 발전해 온 역사를 알아야 하는 이유가 여기에 있다.

공기, 이제까지 많은 사람에게 물질이 아니라 일종의 신기한 정기라고 생각되었던 공기에도 무게가 있다는 것, 공기는 우리들의 눈으로 볼 수 없지만 주변은 이것으로 가득 차 있으며 손으로 쥐고 잡을 수 있는 다른 모든 물질과 똑같은 부류의 것 중 하나라는 사실을 갈릴레이로부터 배웠다.

3. 우리를 둘러싸고 있는 공기와 그 무게

갈릴레이는 1564년에 태어나서 1642년에 78세의 고령으로 세상을 폈지만, 개인적으로 영광보다 고난이 더 많은 불우한 사람이었다. 갈릴레이의 문하에서 스승이 남기고 간 원고를 정리, 정서하던 토리첼리(Torricelli, 1608~1647)는 갈릴레이가 발견한 공기에 무게가 있다는 사실을 더욱 발전시키는 과정에서 또 하나의 훌륭한 발견을 이루어냈다. 토리첼리는 한쪽 끝

을 막은 긴 유리관에 수은을 가득 채우고
여기에 공기가 들어가지 못하게 하면서 수
은단지에 열려 있는 유리관의 주둥이가 잠
기도록 거꾸로 세웠다. 그 결과는 어떻게
되었을까? 유리관 속의 수은은 조금 내려갔
으나 수은주의 높이가 대체로 76cm쯤에서
정지했다. 이때 유리관 속에는 공기가 전혀
들어가지 못하게 했으므로 유리관 속의 수
은주 윗부분에는 공기가 있을 리 없다. 그
런데도 유리관 속의 수은주는 76cm 높이에
서 정지하고 있었다(그림 3). 이는 어떻게
된 일일까?

〈그림 3〉 초기의
수은 기압계

토리첼리는 이 사실을 지구를 둘러싸고
있는 대기의 무게 때문에 수은단지 속의 수
은 표면에 작용하고 있는 대기층이 유리관 속의 수은을 밀어
올리는 것이라고 설명했다. 이 유리관의 단면이 1cm²라면 수은
의 비중 13.6과 유리관 속 수은주의 높이 76cm를 곱한 값이
1,033g의 힘이므로 이 힘이 수은을 밀어 올리고 있는 셈이다.
토리첼리의 실험에 따르면 대기의 무게, 즉 기압은 모든 지상
에 있는 물건 1cm²에 대하여 1.03kg이 작용하고 있다.

갈릴레이에 의하여 공기가 가벼운 것이기는 하지만 결국 물
의 1/773의 비중을 가지고 있다는 것이 명백해졌다. 공기가
무게를 가지고 있다는 사실 하나만으로도 대단히 놀라운 일이
었는데, 이에 더하여 머리 위에 쌓여 있는 가벼운 공기층 전체
의 무게가 1cm²에 대하여 1.033kg에 이른다는 것을 듣고서 놀

24

라지 않을 수 없다. 두말할 나위 없이 그 당시 사람들이 이 말을 듣고 그것을 무조건 믿으려 들지는 않았을 것이다.

만일 토리첼리의 해석이 옳다면 높은 산 위에 올라가서 앞에서 말했던 것과 똑같은 실험을 되풀이한다면, 산에 높이 오를수록 공기층의 두께는 산 밑에서부터의 공기층의 두께보다 얇은 것이므로 당연히 밀어 오르는 수은주의 높이는 감소할 것이 예견되었다. 이와 같은 단계적 실험을 수행한 사람은 파스칼(Pascal, 1623~1662)이었다.

파스칼은 의형(義兄) 페리의 협력을 얻어 실험하여 그 예상이 사실과 일치함을 증명했다. 파스칼은 1623년에 프랑스의 클레르몽에서 태어났다. 파스칼의 어머니는 파스칼이 세 살 때 세상을 떠났지만, 아버지는 파스칼을 훌륭히 키우기 위해 학교에 보내지 않고 직접 교육했다. 파스칼은 어렸을 때부터 명백히 진리(眞理)라고 판단되는 일에만 이해하려 하였고, 사람들이 충분히 설명해 주지 않을 때는 스스로 조사해 보지 않고서는 견디지 못하는 성격의 소유자였다.

파스칼의 아버지는 우선 파스칼에게 희랍어와 라틴어를 가르칠 생각으로 수학 공부는 뒤로 미루고 오히려 금지했다. 그러나 파스칼은 수학에 흥미를 느꼈으므로 아버지를 졸라서 수학에 관한 극히 제한된 이야기를 들었다. 그때부터 파스칼은 자기 방에서 나오지 않고 여러 가지 도형을 그려가며 혼자서 기하학의 연구에 열중했다. 그의 아버지가 눈치 챘을 때 파스칼은 혼자의 노력으로 기하학의 정리를 만들고 있었다. '삼각형의 내각의 합은 두 직각과 같다'라는 정리에까지 도달해 있었다. 이것을 본 파스칼의 아버지의 놀라움은 어떠했을까? 이때 파스

〈그림 4〉 우물물은 수면으로부터 10m 이상 끌어올려 지지 않는다

칼의 나이는 12세였다고 한다.

그 후, 그는 물리학과 수학에 많은 훌륭한 업적을 남겼으나 말년에는 대부분 병상에서 보내며 천주교 신앙에 심취하던 중 1662년에 39세의 아까운 나이로 세상을 떠났다. 그러나 그가 남기고 간 『팡세』라는 책은 프랑스의 가장 고귀한 정신을 드러낸 원전으로 전해지고 있으며 세계의 교양 있는 많은 사람이 애독하고 있는 책이다.

이제까지 토리첼리의 실험과 파스칼의 측정으로 두 가지 중요한 사실을 우리는 알게 되었다. 하나는 우리를 포함한 지구를 둘러싸고 있는 대기 전체가 크나큰 무게를 가지고 물체를 누르고 있다는 사실이고 다른 하나는 공기가 없는 곳, 즉 진공을 만들 수 있다는 사실이다. 그 당시는 '자연은 진공을 싫어한다'라는 말을 옛 그리스 시대로부터 오랫동안 사람들이 믿고 있어서 갈릴레이마저도 이 잘못된 생각에 사로잡혀 있었다. 이미 우물물을 펌프로 끌어올릴 때 우물물의 수면에서 약 10m 이상 물을 끌어올릴 수 없다는 것을 경험적으로 알고는 있었다(그림 4). 그러나 갈릴레이마저도 그 이유를 명쾌하게 설명할 수가 없었다. 그런데 토리첼리의 실험으로 공기의 압력과 균형을 이루는 물기둥의 높이가 10.3m라는 사실에서 이 의문을 해결할 수 있게 되었다.

4. 기체의 개념과 그 어원

앞에서 말한 것과 같이 갈릴레이에 의하여 공기는 우리가 눈으로 보고 손으로 잡을 수 있는 다른 모든 물건과 똑같이 무게를 가지고 있다는 사실이 입증됨에 따라 우리도 그것이 역시 물질의 한 형태라는 것을 알게 되었다. 우리는 나무나 돌과 같이 어떤 모양을 갖추고 있으면서 딱딱한 모든 것을 고체(固體)라 부르며, 물과 같이 흐르는 성질을 가지고 있으면서 그 자체는 모양을 가지지 않는 것, 즉 시험관에 부으면 원주형(圓柱形)이 되고 삼각플라스크(그릇)에 물을 부으면 삼각플라스크의 모양이 되는 것을 액체(液體)라 부르는 것과 같이 공기와 유사한 성질을 가진 것은 모두 기체(氣體)라 부르게 되었다.

이렇게 '기체'라는 개념에 '가스'라는 이름을 붙인 사람은 벨기에의 한 귀족 가문에서 태어난 헬몬트(Jan Baptista van Helmont,

〈그림 5〉 헬몬트

1577~1644, 그림 5)였다. 그는 앞에서 말했듯이 지금은 우리가 모두 잘 알고 있는 수소, 아황산가스, 이산화탄소 등을 공기와 구별하지 않고 다루고 있었으므로 이것을 '가스:기체'라는 공동의 이름을 붙이고 '가스'에는 여러 가지 종류가 있다는 것을 처음으로 제안했다.

　헬몬트는 특별히 지금은 이산화탄소라고도 부르고 탄산가스라고도 부르는 '가스'에 대하여 연구하였는데, 이산화탄소(탄산가스)는 석회석에 산을 부을 때, 또 나무를 태울 때, 누룩과 쌀밥을 비벼놓아 술이 만들어질 때, 또 광물 온천에서 발생한다는 것을 확인했다. 헬몬트의 이러한 실험과 생각에서 연유하여 지금의 우리는 공기는 기체의 한 종류라는 것, 기체에도 고체·액체와 마찬가지로 조금도 신비한 것이 아니라 과학적 방법으로 다룰 수 있는 물질이라는 것이 명백해진 것이다. 그러나 헬몬트의 생각과 주장은 갑작스럽게 많은 사람의 찬성을 얻은 것이 아니었다. 그 이후에도 '가스'라는 말을 사용하지 않고 모든 기체에 대하여 공기라고 부르는 습관이 오랫동안 계속되었다.

5. 기체의 부피는 압력에 따라 변한다

고체나 액체는 힘주어 눌러도 부피가 쉽게 변화하지 않지만, 기체는 힘주어 누르면 쉽게 오그라지는 성징을 가졌다는 사실이 많은 사람에 의하여 발견되었다. 이 누르는 힘[압력]의 크기와 기체의 부피 변화 관계를 실험을 통하여 확인한 것은 영국의 보일(Boyle, 1627~1691, 그림 6)이었다. 보일은 J자로 구부린 유리관의 짧은 쪽을 막고 공기를 가득 채운 다음 긴 쪽의 유리관에 수은을 넣어서 수은주의 높이가 76cm가 되게 했다. 그 결과는 짧은 쪽 유리관 안의 공기의 부피는 실험 전의 반으로 줄어들었다. 이때 유리관 안의 공기에는 대기의 압력과 이에 동등한 수은주의 압력을 합한 기압이 작용하고 있다. 다음에 긴 쪽의 유리관의 수은주를 76cm의 두 배로 했을 때는 짧은 쪽 유리관 안의 공기의 부피는 애초의 1/3로 되었다. 다시 말하면 공기의 부피는 가하는 압력에 반비례한다는 것을 알아냈다. 이 일은 후에 프랑스의 마리오트(Mariotte, 1620~1684)에 의하여 보일과는 별도로 더욱 완전하게 실증되었다. 공기의 부피와 압력과의 관계는 공기뿐만 아니라 다른 기체에 대해서도 공통으로 성립한다는 사실을 알게 되었다. 보일과 마리오트가 발견한 이 관계는 지금까지 보일의 법칙으로 불리기도 하고 보일—마리오트의 법칙으로 불리기도 하는데 결과적으로 기체의 성질에 대한 기본 법칙의 하나로 알려져 있다.

보일이 생존하던 시기의 화학은 납과 같이 값싼 금속으로부터 금(金)과 같은 귀한 금속을 만드는 데 열중하기도 했고, 불노불사(不老不死)의 영약을 만들려는 데 열중하는 이른바 연금

〈그림 6〉 보일

술(鍊金術)이 유행하던 시기였으므로, 보일은 화학이 언제까지
이렇게 허망한 이득을 목적으로 하는 연구가 계속되어서는 안
된다고 주장했다. 그는 확실한 실험과 관찰의 토대 위에서 물
질의 성분이 무엇인지를 밝히는 연구가 이 세상에 대한 최대의
개인적 봉사라는 것을 주장한 최초의 과학자였다. 그리하여 뉴
턴과 같은 훌륭한 사람들과 함께 런던에 영국 왕립학회(Royal
Society)라는 학회를 만들어 영국 과학의 주춧돌을 놓은 사람
이었다.

6. 마그데부르크에서의 실험

토리첼리에 의하여 이른바 토리첼리의 진공이 만들어지고
'자연은 진공을 싫어한다'라는 전혀 근거 없는 신념이 타파된

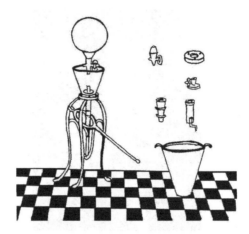

〈그림 7〉 게리케가 만든 진공 펌프, 오른쪽은 그 부분품

후 토리첼리와는 다른 방법으로 진공을 만들려는 시도가 추진
되어 가고 있었다. 이 목적을 성취하기 위하여 진공 펌프를 만
든 이는 독일의 게리케(Guericke, 1602~1686)였다. 게리케는
지름 1m 정도의 튼튼한 구리로 반구의 공기(空器)를 두 개 만
들어 두 공기(空器)의 주둥이를 서로 밀착시킨 다음 그가 발명
한 진공 펌프를 작동시켜 두 반구 안의 공기(空氣)를 뽑아냈다.
　그랬더니 이게 웬일인가? 이 두 개의 반구는 서로 굳게 달라
붙어서 여덟 마리의 말이 양쪽에서 끌어당기고서야 가까스로
떼어놓을 수가 있었다. 이 실험은 마그데부르크라고 하는 작은
도시에서 시행되었으므로 지금도 '마그데부르크의 반구 실험'으
로 전해지고 있다. 이곳에 모여서 대기의 압력이 얼마나 큰 것
인지를 각자의 눈으로 확인했던 많은 사람의 놀라움은 대단한
것이었고, 놀란 나머지 사람들은 '이 세계가 만들어진 이래 태
양도 이렇게 불가사의한 일은 본 일이 없으리라'고 감탄해 마

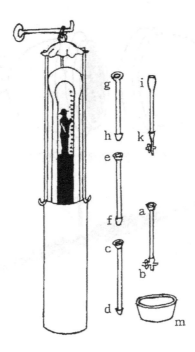

〈그림 10〉 게리케의 기압계와 그 부분품. 기압계의 최상부에는 인형이 떠 있어서 기압이 변할 때마다 인형이 위·아래로 움직여 눈금을 가리키게 되어 있다.

지않았다고 한다.

　게리케는 진공 속에서는 애완동물의 목에 다는 방울을 흔들어도 소리가 나지 않는 것과 촛불이 타지 않는 것, 그리고 동물이 곧 죽어버리는 것(질식함) 등을 시험으로 확인했다. 게리케의 이 실험으로 소리가 전파되기 위해서는 공기가 필요하며, 물건이 타고 동물이 생명을 유지하기 위해서도 공기가 필요하다는 사실이 확인된 셈이다. 또 게리케는 공기로 가득 찬 밀폐된 용기 안에서 촛불은 잠시 후에 꺼진다는 사실도 발견했다.

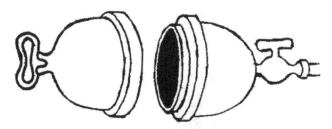

〈그림 8〉 게리케의 반구(半球)

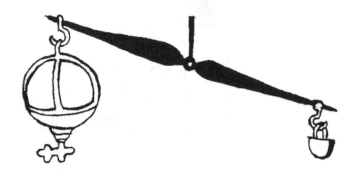

〈그림 9〉 게리케의 공기 비중 측정 장치. 왼쪽의 쇠공을 진공으로 만들 때 오른쪽 추가 아래로 기운 것을 보여주고 있다.

이처럼 물건이 타는 것과 공기와의 사이에는 서로 밀접한 관계가 있다는 사실이 차츰 해명되기에 이르렀다.

7. 탄다는 것의 의미

게리케는 앞에서도 말했듯이 진공 속에서는 촛불이 계속해서 타지 않는다는 사실을 발견했다. 그러나 촛불이 타는 현상에 대한 과학적 의미를 바르게 이해하게 되는 데는 더욱 많은 시일이 필요했다. 예로부터 불은 공기와 마찬가지로 이해하기 곤란한 것 중의 하나였다. 물건이 탄다는 것의 의미를 처음으로 확인해 보고자 했던 사람 가운데 앞에서 말했던 보일도 있었지만, 그 당시 영국의 의사였던 메이오(Mayow, 1643~1679, 그림 11)를 빼놓을 수 없을 것이다. 메이오는 그 무렵 제조되던 흑색 화약이 타는 사실에 대하여 연구하고 있었다. 흑색 화약은 유황과 숯가루 그리고 초석(질산칼륨)을 일정 비율로 혼합하여 만들었다. 흑색 화약은 통(筒) 속에 넣어 불을 붙인 다음, 그 통을 물속에 넣어도 화약은 완전히 연소한다. 또 초석을 넣지 않은 흑색 화약은 공기가 공급되면 유황과 숯가루는 탈 수 있다.

이로부터 메이오는 공기 중이나 초석 안에서 숯가루와 유황을 타게 하는 일에 공통적 역할을 하는 것이 무엇인지에 대하여 생각하기 시작했다. 메이오는 이것을 '불의 공기'라 명명했다. 메이오의 설명에 따르면 공기는 '불의 공기'와 그 밖의 기체로 구성되어 있어서 연소나 호흡은 '불의 공기'에 의하여 이루어지는 것으로 추정했다. 이 결과 '불의 공기'가 다 쓰이고 남은 기체는 이미 물건을 태울 힘을 상실한 것이라고 결론지었다.

이 추정은 옳은 것이었다. 그러나 메이오는 밀폐된 용기 안의 공기 중에서 촛불을 태울 때 불의 공기가 점점 소비되므로 나중에 남은 공기는 불의 공기보다 훨씬 가벼운 것으로 추정했

〈그림 11〉 존 메이오

다. 이것은 용기의 위층에 축적된 기체 속에서는 촛불이 꺼지
는 사실을 근거로 추정한 것이다. 이때까지만 해도 기체를 가
열하면 팽창하여 가벼워진다는 사실을 충분히 이해하지 못했으
므로 이 점에서 메이오는 다소 오류를 범한 것이다.

그러나 어찌 되었든 메이오는 공기나 초석 중에는 물건을 태
우는 힘을 가진 어떤 공통의 성분이 들어있다고 추정하여 이것
이 없이는 연소나 호흡할 수 없다는 것을 발견한 것은 훌륭한
발견이 아닐 수 없다. 만일 이와 같은 가설이 보다 빨리 누군
가에 의하여 바르게 이어 받아졌다면 공기의 성분도, 물건이
타는 것과 관계된 바른 의미(개념)도 훨씬 빨리 우리에게 알려
졌을 것이다. 그런데 불행히도 메이오의 가설은 많은 사람의

시선을 끌지 못한 채 세월의 흐름과 더불어 망각의 세계에 묻히게 되었지만 오히려 당치도 않은 잘못된 가설이 세상에 널리 퍼져 약 100년 후에야 비로소 메이오의 가설이 부활했다.

우리는 흔히 바른 생각이나 의견·주장은 곧바로 세상에 보급됨으로써 세상은 항상 바른 방향으로 속히 발전하는 것으로 생각하기 쉽다. 그러나 실제에서는 그렇게 쉽게 잘못된 일이 바로잡아지지 않는 것을 갈릴레이와 메이오의 경우를 보아서도 알 수가 있다. 그렇지만 사필귀정(事必歸正)이란 말이 있듯이 참으로 바른 주장, 바른 일이라면 설사 한때는 그 잘못된 생각이 이 세상에 만연하더라도 머지않아 바른 것이 승리하고 빛을 본다는 것은 의심할 여지가 없는 일이다. 그러나 서글프게 생각되는 것은 바른 생각을 펴냈기 때문에 세상에서 버림받고 고통 받았으며 급기야는 죽음에 이른 사람이 있다는 사실이다. 그러나 이 사람들의 정신이 모든 인간을 바르게 생각하는 쪽으로 인도하기 때문에 언젠가는 누군가에 의하여 재발견되어 소생하며, 눈부신 빛을 내는 사례를 역사 속에서 볼 때마다 오늘의 우리에게 기쁨과 동시에 크나큰 희망과 일깨움을 준다.

8. 원소에 대한 견해

앞에서 잠시 이야기했듯이 보일은 화학을 단지 값싼 납(鈉)과 같은 금속을 가지고 금(金)과 같은 귀금속으로 변화시킨다든지

불로장생(不老長生)의 영약을 만드는 등의 일에만 열중하는 것
은 잘못이며, 우선 정확한 실험과 관찰을 토대로 한 물질이 무
슨 성분으로 되어 있으며 또 그 물질은 어떤 성질을 가지고 있
는가 등의 이론을 만들어 나가는 것이 화학에서 하는 첫 단계
의 일이라는 것, 그리고 이러한 일을 수행해가는 데 힘쓰는 일
그 자체가 인류에 대한 으뜸가는 봉사라는 것을 역설했다. 이
는 그 당시에 유행하던, 극단적으로 말하면 마술사가 하는 일
에 비유할 수 있는 연금술을 경계하고 과학적 정신을 불어넣어
화학을 본래의 자연 과학으로 정착시키려는 시도로써, 이와 같
은 보일의 주장과 그의 저서는 오늘의 우리에게 값진 교훈을
주고 있다는 것을 잊어서는 안 된다. 보일이 남긴 또 하나의
귀중한 공적은 처음으로 근대적인 원소(원자)의 개념으로 유도
한 일이다.

　원소라는 말은 이미 고대 그리스의 철학자들로부터 사용되었
다. 그러나 그들은 원소라는 말을 세상의 삼라만상(森羅萬象)의
본질이라는 의미로 사용했다. 예를 들면 탈레스(Thales, B.C.
624~546)는 '만물은 물로 되어 있다'고 말했다. 또 헤라클레이
토스(Heracleitos, B.C. 554~484)는 '불은 만물의 근원'이라
고 주장했다. 이는 자연계의 세계뿐 아니라 인간의 세계를 포
함한 만물 전체의 양태가 물이나 불과 같이 끝없이 변화하는
성격임을 의미했다. 이밖에도 원소는 공기라고 생각하기도 했
고, 원소는 흙이라는 주장도 있었다. 결과적으로 그리스 사람들
이 생각했던 원소는 말은 오늘날과 같지만, 그 말이 의미하는
내용은 그리스 시대와 오늘날 사이에는 상당히 모호한 추상적
인 것이 내포되어 있다.

토성 (鉛)		태양 (金)
목성 (엘렉트로스)		달 (銀)
화성 (鐵)		유황
금성 (구리)		불
목성 (朱錫)		물

〈그림 12〉 연금술 시대의 물질의 기호: 엘렉트로스는 금
과 은의 합금임

결국, 보일은 그리스 시대에서부터 사용되어 온 원소라는 말
에 전혀 새로운 의미를 부여했다. 보일의 원소에 대한 생각은
실험을 토대로 해야 한다는 데서 생겨난 것이다. 다시 말하면
한 물질의 성분을 분석하여 더 간단한 물질로 쪼개지지 않을
때 그 성분을 원소라 불렀다. 예를 들면 신주(놋쇠)를 분석하
면 구리와 아연으로 분리되는데 구리와 아연은 이제까지 알려
진 방법으로는 아무리 해도 그 이상 새로운 성분으로 분리할
수 없다. 이때 우리는 구리와 아연을 각각 원소라고 부른다.

그러면 공기는 보일이 말한 의미의 원소일까? 메이오는 앞에
서 말했듯이 공기는 적어도 '불의 공기'와 이와는 다른 기체로
되어 있다고 말했다. 메이오의 이 추정은 결과적으로 바른 것
이었으나 그것이 참으로 바른 생각이라는 것을 확인하는 데는
많은 세월이 필요했다. 그 원인은 당시의 과학자들이 공기가

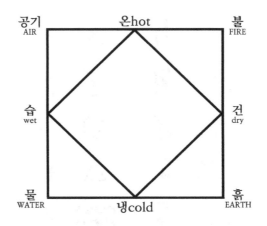

<그림 13> 그리스 시대의 4원소와 4성질. 이들의 합으로
만물이 만들어진다고 생각했다

여러 가지 성분으로 되어있다는 것을 입증할 수 있는 실험 방
법 및 기술과 지식을 가지고 있지 않았기 때문이었는데 우리는
많은 과학자가 어떤 우여곡절을 거쳐서 바른 목적지에 가까스
로 도달했는지 추적해 보기로 하자.

9. 연소설의 과오

앞에서와 같이 보일이 연소설을 확립하였고 메이오가 연소는
초석(질산칼륨)이나 공기에 함유된 '불의 공기'에 의하여 일어
난다는 바른 추론을 제안했는데도 불구하고, 그 이후의 화학자
들은 어찌 된 일이었는지 다시금 오류에 빠져 방황했다. 독일
의 슈탈(Stahl, 1660~1734)은 물질이 타는 것은 타는 물질 속
에 '타는 원소:연소(燃燒)'가 있기 때문이라고 추정하여 이것을

'플로지스톤(Phlogiston)'이라고 불렀다. 그래서 물질이 탄다고 하는 일은 그 물질 속의 '플로지스톤'이 튀어나오기 때문이라고 주장했다. 예를 들면 석탄은 거의 완전하게 타므로 플로지스톤을 가득 함유한 것이라고 설명하였고, 아연을 태우면 나중에 흰 산화아연이 남으므로 아연은 플로지스톤과 산화아연으로부터 만들어진다고 설명했다.

이처럼 플로지스톤은 보일이 말하는 의미상의 원소와는 전혀 다른 것임을 쉽게 알 수 있을 것이다. 보일은 물질에 대하여 실험하고 분석하여 종국에는 그 이상 분리할 수 없는 것이 얻어졌을 때 이것을 원소라 불렀으므로 보일의 원소는 무게도 잴 수 있고 각각의 원소의 무게를 더함으로써 원래 물질의 무게와 같다는 것을 확인할 수도 있었다.

그러나 플로지스톤은 타는 '원소'라고 말해도 그 무게를 잰 일도 없고 어떠한 물질이라는 것도 알 수가 없다. 다시 말하면 플로지스톤이란 타는 현상을 무리하게, 그럴듯하게 설명하기 위하여 만들어낸 가설에 불과했다. 물론 한 가설을 어떠한 상황에 적용해도 조금도 모순됨 없이 설명할 수 있는 것이라면 그 가설은 나름대로 존재 이유와 가치가 있는 것이지만 플로지스톤의 경우에는 차츰 시일이 지남에 따라 여러 가지 모순이 나타나기 시작했다. 첫째로 아연을 태워서 산화아연이 만들어졌을 때의 무게를 재어보면 태우기 전의 아연의 무게보다 무거워졌음을 쉽게 알 수 있을 것이다. 그 당시 사람 중에 이런 사실을 발견한 사람도 있었지만, 웬일인지 플로지스톤에 의문을 가진 사람은 없었다.

그도 그럴 것이 플로지스톤의 창시자 슈탈은 당시 프로이센

40

왕의 주치의였고, 사회적으로는 대학자로 많은 사람들에게 존경을 받고 있었으므로 누구 한 사람도 감히 그의 학설에 의문을 제기하지 못했을 것이다. 이러한 연유로 플로지스톤설은 18세기를 지배하게 되었고 메이오의 학설은 한 사람도 거들떠보지 않을 수밖에 없었다. 위대한 학자의 주장이므로 그저 틀림없을 것으로 생각해 버린다든지 이 학설은 어느 화학책에도 쓰여 있었으므로 틀림없는 학설일 것이라고 믿는 것은 예나 지금이나 있을 수 있는 일이다.

그러나 독자 여러분! 아무리 위대한 학자가 주장한 것이라도 많은 사람이 믿고 있다고 해서 자신도 그들을 무조건 따르고 있는 일은 없는가?

학문을 배우는 사람의 입장에서 이해할 수 없는 일을 이해 없이 그냥 외워버리려는 사람이 많은 곳에서는 학문이 발전할 수 없다. 자기로서 이해할 수 없는 지식은 무엇이든지 의문을 갖고 그것을 자기 자신의 힘으로 해결하려는 의욕적이고 용기와 끈기를 지닌 사람들에 의해서만 학문은 진보하고 많은 사람의 생각을 바른 방향으로 지도해갈 수 있다. 잘못된 연소설이 오랫동안 많은 사람을 지배했다는 것은 오늘을 사는 모든 사람에게 여러 가지의 귀중한 교훈과 반성을 주고 있다.

10. 굳는 공기—이산화탄소의 발견

플로지스톤설(연소설)로 인하여 공기의 본체에 대한 연구는 적지 않은 방황을 하게 만들었지만 그렇다고 해서 화학상 전혀 진전이 없지는 않았다. 우선 영국의 조지프 블랙(Joseph Black, 1728~1799, 그림 14)은 석회석(탄산칼슘)에 산을 넣거나 석회석을 태울 때 발생하는 가스를 조사하는 과정에서 이 가스는 보통의 공기와는 전혀 다른 것이라는 사실을 발견했다. 그는 이 기체에 '굳는 공기'라는 이름을 붙였다. 이 기체는 오늘날 우리가 이산화탄소(탄산가스)라고 부르는 것이다.

이 기체에 대해서는 이미 헬몬트가 연구했다는 것을 앞에서 말했다. 블랙은 저울을 사용하여 일정량의 석회석의 무게를 잰 다음, 태우고 나서 생긴 생석회(산화칼슘)의 무게를 재었고 석회석이 탈 때 생기는 '굳는 공기'의 무게를 재었다. 그 결과 일정량의 석회석의 무게는 생긴 '굳는 공기'의 무게를 더한 것과 같다는 것을 발견했다. 이 실험을 통해 블랙은 석회석이 생석회와 '굳는 공기'가 함께 뭉쳐진 것, 지금의 말로 한다면 생석회와 굳는 공기가 결합·화합한 것이라고 추정했다. 블랙은 진일보하여 보통의 공기 중에도 소량이기는 하지만 이산화탄소가 존재한다는 것을 확인했다. 즉 석회수(생석회를 물에 용해한 것)를 공기 중에 내버려 두면 석회수의 표면에 흰 고체의 막이 생기는데, 이 흰 고체 막을 걷어내고 이것에 산을 넣어 주면 '굳는 공기' 즉 이산화탄소가 발생한다는 것을 알아내었다. 이 이산화탄소는 두말할 나위 없이 공기 중에서 석회수로 들어간 것으로써 이때 생긴 흰 고체 막은 석회석과 같은 것이라고 해석했다.

이렇게 하여 공기 중에는 이산화탄소가 존재한다는 것을 블랙이 찾아냈다. 사실 석회석의 성분은 조개껍데기나 달걀껍데기와 같은 탄산칼슘으로써 대리석 같은 것도 그 한 종류에 속

〈그림 14〉 블랙

한다. 독자 여러분도 조개껍데기에 식초를 붓고 약하게 가열하면 이산화탄소가 발생하는 것을 쉽게 확인할 수 있을 것이다.

블랙은 이산화탄소에 '굳는 공기'라는 이름을 붙였다. 왜냐하면, 이 기체는 석회석 속에서는 단단하게 굳어 있던 것이 가열하거나 산과 작용하면 바로 기체가 되고 또 석회수와 결합하면 굳은 석회석이 만들어지기 때문이었다. 나중에 더욱 자세히 설명하겠지만 공기 중의 이산화탄소의 양은 극히 적은데 부피로 계산하면 0.03%에 불과하다. 그러나 이토록 적은 양의 이산화탄소가 공기 중에 들어있으면서 맨 처음 발견된 공기의 한 기체 성분이라는 사실은 참으로 이상하고 재미있는 일이다.

11. 독이 있는 공기—질소의 발견

블랙이 공기 중의 이산화탄소(탄산가스)를 발견한 후 블랙의 지도를 받으며 연구하던 러더퍼드(Rutherford, 1749~1819)는 공기 중에 질소가 있다는 것을 발견했다. 러더퍼드는 공기 중에서 숯이나 양초를 태우며 그때 생기는 '굳는 공기'(이산화탄소)를 석회수에 흡수시킨 후에도 또 한 종류의 기체가 남는다는 것을 알아내었다. 그리고 이 기체에는 '독(毒)이 있는 공기'라고 이름을 붙였다(1772년). 러더퍼드가 발견한 '독이 있는 공기'는 오늘날의 질소의 별명이다. 그는 이 기체 중에는 이산화탄소 중에서와 똑같이 양초 같은 것을 태울 수 없었다. 이때까지도 앞에서 말한 플로지스톤설을 러더퍼드도 믿고 있었으므로, 러더퍼드는 자기가 이름 지은 '독이 있는 공기'는 플로지스톤과 공기가 결합한 것으로 추정하였는데 이것은 잘못된 해석이었다.

12. 연소가 없는 공기—산소의 발견

이렇게 하여 공기 중에는 이산화탄소(탄산가스)와 질소가 존재한다는 것을 알게 되었다. 그러나 공기 중에서 제일 중요한 성분, 즉 산소는 아직 누구에게도 발견되지 않았다. 산소는 메이오, 블랙, 러더퍼드와 같은 영국인 프리스틀리(Joseph Priestley, 1733~1804, 그림 15)에 의하여 발견되었다. 프리스틀리는 1733년에 양복 제조업을 하는 집안의 아들로 태어났다. 당시 영국에는 잉글랜드 교회가 권위를 장악하고 있었다. 프리스틀리의 집

〈그림 15〉 프리스틀리

〈그림 16〉 프리스틀리가 수은을 태우는 데
사용한 렌즈와 수은이 들어 있는 공기

안은 같은 기독교일지라도 잉글랜드 교회가 가르치는 바는 잘
못된 것이라고 주장하는 프로테스탄트(개신교) 교파에 소속되어
있었으므로 그는 대학 입학도 허락받지 못했다. 할 수 없이 프
리스틀리는 프로테스탄트 교파의 신학교에 들어가서 목사가 되
었다.

그는 34~35세가 되었을 때 런던에서 그 당시 미국에서 영국
으로 돌아온 벤저민 프랭클린과 친교를 맺고 있었다. 벤저민
프랭클린(Franklin, 1706~1790)은 미국 독립에 크게 공헌한
뛰어난 정치가였고, 또 그가 번개와 우레 현상은 상승기류에
기인한 전기현상이라는 사실의 발견으로 유명해진 것은 독자
여러분도 잘 알고 있을 것이다. 프리스틀리는 프랭클린의 추천
을 받아 영국학사원 로열 소사이어티(Royal society)의 회원이
되어 처음에는 전기에 관해 연구하고 있었다. 그는 그 후 기체
연구에도 손을 대 처음에는 굳는 공기 즉, 이산화탄소를 녹인

물이 대단히 맛이 좋으며 약이 된다는 것도 발견했다. 이것이 오늘날 인기 있는 소다수(사이다의 일종)이다.

이렇게 프리스틀리는 여러 가지 기체를 연구하던 중에 수은을 태웠을 때 생기는 빨간 물질(산화수은)에 렌즈로 모은 태양열을 가열하였더니 일종의 기체가 발생하는 것을 발견했다. 프리스틀리는 이 기체를 처음에는 보통의 공기일 것으로 추정했는데 놀랍게도 이 기체 속에 촛불을 넣었더니 눈부실 만큼 밝은 빛을 내면서 양초가 타는 것을 발견했다. 프리스틀리는 이 기체의 정체가 무엇인지 갈피를 잡지 못했지만, 마침내 이 기체에 '플로지스톤이 들어있지 않은 공기'로 이름 지었다. 즉, 이 '기체—공기'에는 플로지스톤이 들어있지 않기 때문에 플로지스톤이 들어있는 양초로부터 플로지스톤을 쉽게 빼앗아서 그 안에서 연소가 활발해지는 것으로 추정했다. 이 '플로지스톤이 들어있지 않은 공기'라 명명한 기체가 바로 산소였다.

프리스틀리는 다시 이 기체가 들어있는 용기 안에 흰쥐를 넣었더니 같은 양의 공기 중에 흰쥐를 넣었을 때와 비교하면 훨씬 오랫동안 살아 있을 수 있다는 것을 확인했다. 이 사실을 근거로 프리스틀리는 우리를 둘러싸고 있는 공기는 플로지스톤이 없는 공기(산소)와 러더퍼드가 발견한 이른바 플로지스톤을 많이 함유한 '독이 있는 공기'(질소)로 되어있다고 확신했다.

프리스틀리는 앞에서 이야기했듯이 벤저민 프랭클린과 친교를 유지하고 있었기 때문에 영국인이면서 미국의 독립(1776년)을 환영하였으므로 많은 사람으로부터 손가락질을 받고 있었다. 그는 그 후에 증기 기관을 발명하여 유명해진 제임스 와트 등이 창립한 음월회(陰月會: Lunar Society)에 가입했다. 음월회는 매월 보름 경에 새로운 생각을 하는 사람들이 모여 상호 간의 연구 결과를 보고하곤 했다. 그런데 1787년에 프랑스 혁명이 일어나 귀족에 의한 전체 정치가 전복되었을 때 영국에서도 이에 찬성하는 사람들과 반대하는 사람들 때문에 큰 소란이 일었다. 프리스틀리는 영국의 귀족들과 잉글랜드 교회의 신부들에 의하여 영국의 정치가 장악되어 있다는 사실에 증오감을 가지고 있었으므로 프랑스 혁명을 지지했다. 음월회의 회원들도 프리스틀리와 같은 생각을 하고 있었다.

1791년 프랑스 혁명 2주년을 맞이하여 음월회 회원들은 축하 연회를 개최했다. 이때 영국의 국왕과 잉글랜드 교회 신부의 선동에 동조한 우매한 군중은 음월회의 축하 연회장을 습격하여 방화하고 와트와 프리스틀리를 덮쳤다. 프리스틀리는 자신의 교회를 잃고 집마저 소실되는 바람에 귀중한 실험도구와 실험에 관한 기록물 모두를 잃어버렸다. 프리스틀리는 홀몸으로 이 난을 피하여 결국 미국으로 건너가서 1804년 이국땅 미국에서 불우한 일생을 마쳤다.

우매한 군중에게 불의의 습격을 당했을 때 그곳에 함께 있었던 '마르라'라는 여인은 그때의 프리스틀리에 대하여 다음과 같이 쓰고 있다.

"프리스틀리는 자기가 소중히 여기는 실험 도구가 파괴되는 소리를, 굴복하는 모습도 보이지 않은 채 듣고 있었다. 이 일에 당황한다든지, 초조해하는 말 한마디 그리고 불평이나 고통스러운 빛 하나 보이지 않았다. (중략) 울상을 한다든지 탄식 한 마디 없었다.—그 누구도 이런 위급한 상황의 시련 속에서 그처럼 의연하고 초연하게 보였던 일을 나는 아직 본 일이 없다."

13. 산소의 발견자, 또 한 사람—셸레

프리스틀리와 같은 무렵 스웨덴에서 약제사 일을 하고 있던 셸레(Carl Wilhelm Scheele, 1742~1786, 그림 17)는 프리스틀리와는 독립적으로 산소를 발견했다. 셸레는 오늘날 우리가 화학 실험에서 산소를 만들 때와 똑같은 방법으로 산소를 만들었던 첫 번째 사람이다. 즉, 그는 이산화망가니즈에 진한 황산을 가하고 가열하는 방법으로 산소를 만들었다. 이때 발생하는 기체에 메이오와 똑같이 '불의 공기'라는 이름을 붙였다. 셸레의 산소 발견은 프리스틀리보다도 오히려 빨랐지만, 발표가 늦은 것은 실험 보고서의 인쇄가 늦어진 것이 그 원인의 하나이고, 그 당시 스웨덴은 유럽의 변두리에 해당하여 영국이나 프랑스와의 교통이 활발치 못했으므로 셸레와 프리스틀리는 서로 알고 지낼 기회가 거의 없었던 데에 기인한다.

셸레는 프리스틀리가 실행했던 것과 같이 붉은색의 산화수은을 태워서 산소를 만드는 방법을 발견했고, 초석을 가열할 때 산소가 발생한다는 것도 알고 있었다. 이렇게 하여 오늘날 우리는 산소를 순수하게 만들 수 있고 또 그것이 양초나 나무 등을 쉽게 태울 수 있다는 것을 알고 있지만, 애석하게도 프리스틀리나 셸레는 플로지스톤설에 사로잡혀 있었기 때문에 물건이 탄다는 참뜻(개념)을 발견하는 데는 이르지 못했다.

그러나 이 두 과학자의 연구로 물건이 탄다는 것의 참뜻을 발견하는 충분한 준비를 하고 있었던 셈이다. 그런데 이상하게도 이 두 과학자가 하나같이 플로지스톤설을 그토록 철저하게 믿으면서도 자기들의 탐구가 실제로는 플로지스톤설의 끝을 고

48

 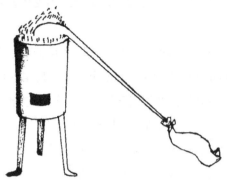

〈그림 17〉 셸레　　〈그림 18〉 셸레가 사용한 산소 발생 장치

하는 크나큰 힘을 지니고 있었다는 것은 조금의 눈치조차 채지 못하고 있었다. 이 최후의 중요한 첫걸음은 프랑스의 라부아지에에 의하여 성취되었다. 그리하여 백 년이나 되는 긴 세월 동안 당시의 화학자를 잘못된 방향으로 인도했던 연소는 라부아지에에 의하여 연소의 존재를 영원히 부정하기에 이르렀다.

14. 근대 화학의 아버지—라부아지에

라부아지에(Lavoisier, 1743~1794, 그림 19)는 1743년 프랑스 파리에서 태어났다. 그의 어머니는 라부아지에가 5세 때 세상을 떠났고 그 후 그는 외할머니와 외숙모의 보호를 받으며 성장했다. 어렸을 때의 라부아지에는 상냥한 성품으로 공부에 남다른 열의와 호기심을 가졌으므로 그의 아버지, 외할머니, 외숙모 세 사람에게 라부아지에는 유일한 보람이었다. 20세 때는

파리의 밤거리를 밝히기 위해서는
어떤 등불이 좋겠냐는 현상 공모에
응모하여 1등으로 당선의 영광을
차지했다. 그는 법과대학을 나온
후 세금을 징수하는 조합에 취직하
여 그 수입으로 자기가 좋아하는
여러 가지 실험을 했다.

라부아지에는 밀폐된 용기 안에
115g의 수은과 1.4ℓ의 공기를 넣
고 12일간이나 가열했다. 가열한

〈그림 19〉 라부아지에

수일 후부터 수은의 표면에는 점차 붉은 반점이 생기기 시작하
였고 5일 후에는 수은의 전체 표면이 붉은색으로 변했다. 가열
12일째는 불을 끄고 처음 온도로 냉각하여 용기 안의 공기의
부피를 재었더니 가열 전보다 약 1/6 만큼 부피가 감소해 있
는 것을 알았다. 그 용기 안의 공기 중에서는 양초 불이 타지
않으며, 흰쥐를 넣었더니 얼마 있지 않아 질식하여 죽어버린다
는 것도 관찰했다. 또 수은의 표면에 생긴 빨간 물질을 공기에
접촉하지 않게 가열하여 이때 발생하는 기체를 모아 그 부피를
쟀을 때는 처음의 가열에서 감소하였던 공기 부피의 1/6과 같
았다. 이 기체는 프리스틀리나 셸레가 발견한 것과 같은 것이
었으므로 라부아지에는 이것에 '산소'라는 이름을 붙였다. 이
기체는 여러 가지의 산(酸) 중에 들어있는 원소였으므로 산의
신맛은 이 원소로 인하여 나타나는 것으로 추정했기 때문이다.
그러나 이 이름은 잘못 붙인 것이다. 이후 산소와 신맛과는 아
무런 관계가 없음이 밝혀졌다.

50

〈그림 20〉 라부아지에가 20세 때 고안한 램프

빨간 물질에서 산소가 나온 다음에는 수은이 남아있었고 그 무게는 2.5g이었다.

이렇게 얻은 산소를 수은과 공기를 가열하였을 때 용기에 남아있던 기체(질소)에 섞어보았더니 처음의 공기와 똑같다는 것도 확인되었다. 이렇게 하여 수은을 공기 중에서 태우면 공기 중의 산소와 수은이 결합하여 빨간 물질—산화수은이 생긴다는 것을 확실하게 알아냈다.

다음에 라부아지에는 산화수은에 숯가루를 넣어 공기를 차단하고 가열해 보았다. 이때는 산소가 생기지 않고 '굳은 공기', 즉 이산화탄소가 생겼다. 여기에서 라부아지에는 '굳는 공기'라는 것은 탄소와 산소가 결합한 것이라는 결론을 내렸다. 따라서 숯을 태울 때 생기는 기체는 이제까지 생각하고 있었듯이 플로지스톤과 공기가 결합하여 생기는 것도 아니고, 숯 중에는 플로지스톤이 가득 들어있기 때문에 타기 쉬운 것도 아니며,

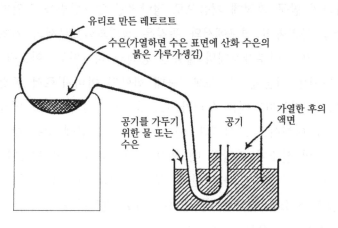

유리로 만든 레토르트

수은(가열하면 수은 표면에 산화 수은의 붉은 가루가생김)

공기를 가두기 위한 물 또는 수은

공기

가열한 후의 액면

〈그림 21〉 라부아지에가 수은을 태우는 데 사용한 장치

오직 숯과 공기 중에 있는 산소가 결합할 때에 일어나는 현상, 즉 타는 것이라는 것을 알았다.

라부아지에의 실험 방법의 장점은 실험에 관여하는 모든 것의 양을 정확하게 측정하는 일이었다. 즉, 공기의 부피를 재고 그 온도와 압력도 재었다. 수은의 무게를 재었고 여기에서 생긴 빨간색의 산화물의 무게도 재었다.

라부아지에는 이처럼 정량적 실험 방법을 화학에 도입하였으므로 그가 도출한 결론에는 조금도 의심의 여지가 없었다. 그 당시에는 수은을 태우면 빨간 물질이 생긴다든지 그것을 가열할 때 발생하는 기체 속에서는 촛불이 밝은 빛을 내며 탄다는 등의 사실을 발견했을 뿐 정확한 측정은 하지 않은 채 단지 겉보기의 관찰 단계에 머물고 있었다. 그러므로 하나의 관찰 사실에 대해서도 개인적으로 얼마든지 불합리하고 제멋대로의 해석·설명을 할 수 있었다.

　화학의 탐구 과정에 처음으로 정량적인 연구방법을 고안하여 화학을 물리학의 연구에서와 똑같은 정밀과학으로서의 기초를 확립한 일은 라부아지에의 훌륭한 공적의 하나이고, 이로써 라부아지에는 지금에 이르도록 '근대 화학의 아버지'로서 존경받고 있다. 라부아지에는 우리가 호흡할 때 이산화탄소를 배출하는 것에 대해서도 조사했다. 이것은 우리 몸 안에 있는 탄소와 공기 중의 산소가 결합할 때 생기는 것으로써 마치 양초가 탈 때 열을 발생하는 것과 마찬가지로, 몸 안의 탄소가 들이쉰 공기 중의 산소와 결합할 때 생기는 열로 인하여 체온이 유지된다는 것을 실험으로 입증하기도 했다.

　라부아지에는 또한 이 지구상에 존재하는 모든 물질은 다른 물질과 결합하기도 하고 분해하기도 하여 모양을 달리하지만, 그것은 한 물질이 완전히 소멸된다거나 아무것도 없는 '무(無)에서 새로운 것'이 생기지 않는다는 것을 처음으로 명백히 해명했다. 예를 들면 공기 중의 산소가 수은과 결합하여 빨간색의 산화수은이 만들어지고 그때 공기의 부피는 감소하지만, 산소 그 자체는 완전히 없어진 것이 아니고 단지 공기로부터 수은으로 옮겨가서 산화수은 안에 존재하는 것이라고 설명했다. 그 증거로는 공기가 없는 곳에서 산화수은을 가열하면 다시 공기에서 빼앗아 간 산소가 생기는 것이다. 이와 같은 일은 라부아지에에 의하여 모두 측정을 통하여 의문의 여지가 없을 만큼 분명하게 입증된 것이다. 라부아지에는 앞에서 언급한 원소의 개념을 다시금 확실하게 우리에게 드러내 보였다.

　기체 중에서도 가장 가벼운 기체인 수소는 이미 영국의 캐번디시(Cavendish, 1731~1810)에 의하여 발견되었고, 더욱이 수소를 공기 중에서 태우면 물방울이 생긴다는 것도 알려져 있었다. 라부아지에는 수소를 산소 중에서 태울 때 물이 생기는 캐번디시의 실험을 반복하여 그 사실을 확인하였고, 이 수소와 산소의 결합 비율은 산소의 부피 100에 대하여 수소의 부피는 200이라는 것도 측정했다. 다음에 수증기를 빨갛게 달군 쇳조각 위를 통과시키면 철은 산화철로 변하며 동시에 수소가 생긴다는 것도 발견했다. 결과적으로 물은 수소의 산화물이라는 대단히 중요한 사실을 확인했다. 라부아지에가 남긴 연구는 많이 있지만, 우리가 여기에서 배운 것만으로도 그가 얼마나 뛰어난 화학자였는지 충분히 추정할 수 있다.

이렇게 위대한 화학자 라부아지에의 죽음은 참으로 비참했다. 이제까지 갈릴레이나 프리스틀리 등은 특정인들에게 박해를 받아 비참한 생애를 맞이했다는 것을 보아왔지만 라부아지에의 죽음은 한층 더 참혹한 것이었다.

1789년 프랑스에는 혁명이 일어나서 국왕이나 승려에 의하여 세상이 지배되던 정치는 타도되었다. 라부아지에는 그 당시 세금을 징수하는 조합의 일원으로 일하고 있었으므로 민중의 분노 대상이 되어 체포되었다. 결국, 1794년 5월 8일 그는 단두대에 목을 맡겼다. 라부아지에가 세금을 징수하는 조합의 임원이 되었던 것은 자신의 생계비를 유지할 뿐 아니라 그 수입으로 원하는 화학 실험을 하기 위함이었으므로 결국 직업의 우연한 선택이 마침내 한 천재의 목숨을 앗아간 것이다. 프랑스 혁명은 전제 정치를 타파하였고 미국의 독립 전쟁과 함께 민주적인 정치의 선구가 되었다는 것은 근세의 역사가 우리에게 가르쳐 주는 바이다. 그러나 그 혁명이 천재적인 화학자 라부아

지에를 저승으로 내쫓았다는 것은 어떤 방법으로 변명한다 해
도 프랑스 혁명이 저지른 크나큰 실수의 하나였다고 평가해야
할 것이다.

　라부아지에의 친구 중 하나였으며 당시 유명한 수학자였던
라그랑주는 라부아지에의 죽음을 슬퍼하며 "그의 목을 떨어뜨
리는 데는 한순간이면 족했지만 100년 걸린다 해도 그와 같은
천재는 두 번 다시 이 세상에 태어나지 못할 것이다"라고 말했
다고 한다.

　라부아지에는 동료 죄수 중에 고통과 공포를 견디다 못해 자
살을 계획하는 사람들에게 "우리의 뒤를 따를 사람들에게 우리
는 모두 추후의 보기 흉한 예를 남기지 않도록 하자"고 충고하
며 자신의 슬픈 운명을 고요히 바라보는 심정으로 단두대 위에
의연히 섰다고 한다. 당시 그의 나이는 51세였다. 그러나 라부
아지에가 무엇보다도 마음에 걸렸던 것은 그가 남긴 학설이 많
은 학자에게 참으로 이해되기 전에 세상을 뜨는 자신의 불운이
었으리라. 실제로 라부아지에의 이론은 그가 세상을 떠난 후,
비로소 그 우수성이 인정받기 시작했다.

15. 사람을 싫어했던 캐번디시

　이와 같이하여 공기의 주요 성분은 산소와 질소라는 것이 점
차 명백해졌다. 이것이 사실이라면 공기를 이루고 있는 산소와
질소의 성분은 어떤 비율로 존재하는 것일까? 라부아지에는 앞
에서 이야기하였듯이 산소와 질소의 부피 비율은 1:6이라는 것

을 실험을 통하여 알아냈다.

이와 거의 같은 무렵 영국의 캐번디시는 여러 곳의 공기로부터 탄산가스를 제거한 나머지 공기의 성분을 조사하여 다음과 같은 수치를 알아냈다.

질소　79.16%
산소　20.84%

〈그림 22〉 캐번디시

이것을 현재 가장 신뢰할 수 있는 수치 —질소:79.05%, 산소:20.95%와 비교하면 그 수치들이 서로 가깝게 일치하고 있는 것을 알 수가 있다(사실 뒤에 이야기하겠지만 질소의 수치 안에는 아르곤이나 이산화탄소의 수치가 포함되어 있음).

또 캐번디시는 플로지스톤설을 신봉하고 있었으므로 산소에 대해서는 프리스틀리와 같이 '플로지스톤이 들어있지 않은 공기'라 불렀고, 질소는 '플로지스톤으로 변한 공기'라고 불렀다.

캐번디시(Henry Cavendish, 1731~1810, 그림 22)는 1731년에 영국의 한 명문 귀족의 집에서 태어났다. 그는 대단히 사람을 싫어하는 성격을 가지고 있어서 평생 동안 친교를 맺은 사람이 거의 없이 남에게 알려지지도 않은 채 혼자서 여러 가지 연구를 하고 있었다. 한 프랑스인은 "캐번디시는 모든 학자 중에서 가장 부자였고, 동시에 부자 중에서 가장 뛰어난 학자였다"고 말한 바도 있다. 캐번디시는 자기의 재산이나 남의 환심을 사려는 등의 일에는 조금도 흥미를 갖지 않고, 물리

나 화학을 연구하는 일만을 즐거움과 보람으로 삼았으므로 사
람들과의 사교에는 무관심했다. 일반적으로 한 나라의 귀족이
나 부자들은 모두 우쭐대는 것이 보통이었고 실력이나 재능이
갖추어져 있지 않은데도 잘난 척하는 것이 예사였으며, 정치가
나 군인이 되어 많은 사람으로부터 갈채를 받는 일과 쓸데없는
취향에 도취한 생활을 하는 일이 많았으나, 영국에서는 그 본
인이 학문을 몸에 익히지 않으면 아무리 좋은 가문에 태어났어
도 또 아무리 재산이 많더라도 그것 때문에 사람들이 대우해
주지 않았다. 또 참으로 재능 있는 사람은 정치와 같은 일시적
으로 화려해 보이는 일보다는 오래도록 가치 있는 과학이나 문
학 등의 연구에 종사하는 것이 상례였다.

　이러한 연유로 캐번디시는 홀로 과학에 열중했다. 보통 알고
있듯이 철이나 아연에 산을 가하면 기체가 발생한다. 이 기체
는 대단히 가벼워서 고무풍선에 채우면 그 풍선은 쉽게 하늘
높이 뜰 수가 있다. 이 기체는 오늘날 수소라 부르고 있다. 캐
번디시는 이 수소에 관하여 연구했고 이것이 공기 중에서 잘
타기 때문에 '타기 쉬운 공기'라고 불렀다. 그리하여 이 기체와
'플로지스톤이 들어있지 않은 공기', 즉 산소가 결합하면 물이
생긴다는 것을 발견했다. 캐번디시는 또 수소의 비중이 공기보
다 10/108밖에 안 된다는 것도 발견했다. 그러나 오늘날에 인
정된 수치는 10/144이다.

　캐번디시가 사교를 좋아하지 않았던 성품은 대단히 철저하였
던 모양으로 1810년 2월, 그는 80세의 고령으로 세상을 떠나
려는 마지막 순간에도 아무도 부르지 않은 채 홀로 고요히 숨
을 거두었다. 캐번디시의 한평생은 틀림없이 쓸쓸하고 고독한

것같이 보이지만 한편 인생을 마음껏 즐기다 간 사람이라고도 말할 수 있다. 영국의 케임브리지 대학에는 지금도 캐번디시 연구소라고 하는 훌륭한 연구소가 설립되어 있어 이 고독하고 사교를 싫어했던 위대한 과학자를 기리고 있다.

16. 물질의 무게는 소실되지 않는다

라부아지에가 실행한 실험에 의하면 수소와 산소가 결합하여 빨간색의 산화수은이 될 때는 수은도 산소도 그 겉모습은 없어지지만, 새로이 생겨난 산화수은의 무게는 없어진 산소와 수은의 무게를 더한 것과 같다는 것이 확인되었다. 이처럼 물질은 서로 결합한다든지 또는 그 반대로 두 가지 이상의 물질로 분리(분해)되기도 하지만, 결합 또는 분리되기 이전과 후의 무게에는 변함이 없다. 이는 라부아지에가 발견한 위대한 법칙의 하나로 '질량 보존(또는 물질 보존)의 법칙'이라고 알려져 있다. 이것은 그 후 많은 과학자에 의해서 반복 측정된 결과 아무리 정밀한 저울(천칭)로 측정한다고 해도 어떠한 두 가지 이상의 물질이 결합할 때 그 전과 후의 무게가 같다는 것, 그리고 한 가지 물질이 두 가지 물질로 분리될 때 그 전과 후의 무게가 다르다는 것을 발견할 수는 없었다.

물질이 서로 결합한다든지 분해한다든지 할 때의 그 전과 후의 물질의 무게 관계는 라부아지에가 실제로 측정해 보기 전에는 많은 과학자가 이 사실에 대하여 생각조차 하지 않았다. 예를 들면 그때까지 숯을 태우면 숯은 없어진다고 생각했지만,

라부아지에는 없어진 숯의 무게는 탈 때 생긴 이산화탄소 안에 보존되므로 실제에서 숯은 조금도 없어진 것이 아니라는 증거가 이산화탄소의 무게에서 입증된 것이다.

17. 물질을 이루는 근원—원자

이제는 이야기를 라부아지에 이전의 시대로 되돌려서 고찰해 보기로 하자. 우리는 앞에서 보일에 의하여 근대적 '원소'의 개념이 제안되었다는 것을 알았다. 보일은 이미 알려진 어떠한 방법을 활용해도 그 이상 다른 성분(물질)으로 분해되지 않는 물질을 원소로 규정했다.

옛날에는 물을 원소의 하나로 생각하고 있었다. 그러나 우리는 물이 수소와 산소의 결합체(화합물)라는 것을 알고 있다. 따라서 물은 보일의 견해에 따르면 원소가 아니다. 공기도 질소와 산소 그리고 소량의 이산화탄소의 혼합체이므로 원소는 아니다.

이렇게 하여 라부아지에의 시대까지 원소로 인정된 것에는 산소·질소·수소 등의 기체를 비롯하여 유황·인·탄소·안티모니·은·철·구리·니켈·코발트·금·아연·백금·수은 등 약 30종류가 있었다.

현재에는 90여 종류(2016년을 기준으로 인공적 원자를 합하면 118종)의 원자가 발견되어 있어서 이 세상에 존재하는 모든 천연물(자연물)은 이 90여 종류의 원자 상태 또는 서로 결합하여 생긴 화합물의 상태로 존재하고 있음이 확인되었다. 우리를 둘러싸고 있는 그토록 많은 물질이 불과 90여 종의 원자로 형성되어 있다는 것을 생각하면 참으로 신기하고 놀라운 일이 아닐 수 없다. 그러나 한편 만일 이 세상의 모든 자연물이 제각기 다른 원자로 되어 있다면 원자의 수 또한 수천, 수만 가지나 되어 우리가 각 물질에 대하여 연구하고자 하는 의욕을 잃을 것이다. 다시 말하면 자연물의 세계에 통용되는 비교적 명백한 규칙이 존재하고 있지 않다면 우리는 그 시작에서부터 어찌할 바를 몰라서 화학을 공부해보고 싶은 마음마저도 일지 않을 것이다. 그러나 이 자연의 세계는 90여 종류의 얼마 안 되는 원자로부터 만들어져 있고 그 물질의 세계에는 확실한 질서와 규칙(법칙)이 작용하고 있다는 것을 우리는 알고 있으므로 많은 사람이 이 물질의 세계에 크나큰 흥미와 호기심을 품고 이것들의 연구에 그토록 열중하고 있다.

실제로 자연의 세계를 탐구할수록 그 안에는 비교적 단순한 법칙이 작용하고 있음을 확인할 수 있다. 그 법칙들을 찾기 위하여 연구하는 과학자의 즐거움은 아무리 재미있는 옛날이야기나 동화를 읽는 것에 비길 수 없이 훌륭하고 거룩한 일이다.

18. 화합물이란 무엇인가

이제 앞에서 이야기한 90여 종류의 원자로부터 어떻게 그토록 헤아리기 힘들 만큼 다수의 물질이 만들어지는지 생각해 보자. 우리는 이미 물은 수소와 산소가 결합한 물질이라는 것, 즉 물은 수소와 산소, 두 가지 원자로 만들어진 화합물(결합물)이라는 것을 알았다. 마치 14개의 자음과 10개의 모음을 합하여 많은 수의 한글낱말을 만들 수 있듯이. 또 알파벳 26자를 여러 가지로 짜 맞추어 거의 무한의 말을 만들 수 있듯이 원소도 불과 90여 종류의 것들이 서로 여러 가지로 결합하여 그토록 많은 수의 화합물을 만들어 낸다. 이산화탄소(탄산가스)는 탄소와 산소의 결합물이고, 가정에서 사용하는 프로판가스는 탄소와 수소의 결합물이며, 질산은 질소와 수소, 산소의 결합물이고, 세숫비누는 탄소와 산소, 수소, 나트륨이 결합하여 된 것이다.

여기에서 우리가 알고 싶은 것은 이 같은 많은 종류의 화합물이 만들어질 때 그 각각의 성분 원자의 무게는 어떠한가? 하는 것이다. 이 중요한 문제에 확실한 해답을 처음으로 찾은 사람은 프랑스의 프루스트(Proust, 1754~1826)였다. 프루스트는 여러 가지 방법으로 만든 염화암모늄(염산 병의 마개를 열고 암모니아수에 담갔던 유리 막대를 가까이 갖다 대면 흰 연기가 생긴다. 이 흰 연기의 흰 알갱이가 염화암모늄인데 이것을 염소와 질소, 수소가 결합한 것이다)을 정밀하게 분석했다. 분석(分析)이란 화합물이 무슨 성분 원자로 만들어졌는지 알아내고 각각의 성분 원자들이 어떠한 무게 비율로 결합해있는지 알아내는 일이다. 프루스트는 어떠한 방법으로 만든 염화암모늄이든 그 분석 결과는 항상 염화암모늄에 들어있는 염소와 질소 그리고 수소의 무게 비율이 일정하다는 것을 발견했다.

그는 염화암모늄뿐 아니라 그 밖의 여러 가지 화합물의 분석 결과는 각각의 화합물 안에 들어있는 성분 원소의 무게 비율이 화합물마다 항상 일정하다는 것을 발견했다. 예를 들면 물은 수소 1g에 대하여 산소 8g의 비율로 결합하여 9g의 물이 만들어지며 이산화탄소는 탄소 1g에 대하여 산소는 2.6g의 비율로 결합한다. 또 어떤 장소, 어떤 방법으로 만든 물이든 그 안에 들어있는 수소와 산소의 무게 비율은 항상 1:8이 된다. 프루스트는 화합물이면 어느 것이나 모두 그 성분 원자들은 각각 일정한 무게 비율로 결합해있다고 주장했다. 이 프루스트가 발견한 결합의 법칙은 일정 성분비의 법칙으로 알려져 있다. 이와 같은 규칙에 따라 물질이 만들어지므로 우리를 둘러싸고 있는 헤아리기 어려운 종류의 물질이 불과 90여 종의 원자로부터 만들어진다는 것, 더욱 그 화합물을 이루는 각 성분 원자끼리는 항상 일정한 비율로 결합하여 있다는 것을 알게 되었다.

19. 공기는 화합물일까

우리는 프루스트에 의하여 화합물은 항상 정해진 비율의 원자로부터 생성된다는 것을 배웠다. 그렇다면 공기는 화합물일까? 우리는 또한 캐번디시가 공기 중의 산소와 질소의 비율을 조사한 결과 질소 79%에 대하여 산소는 21%라는 것, 그리고 어느 곳의 공기를 조사하여도 이 비율은 하등 변함이 없음을 발견했다는 것도 배웠다.

공기를 이루고 있는 성분 원자의 비율이 항상 일정하다는 사실에 비추어 보면 공기는 화합물같이 보인다. 그러나 단지 산소와 질소를 혼합해 보면 어떠한 비율로도 혼합할 수 있는 것이므로 산소 21%와 질소 79%의 일정 비율을 유지할 때에만 공기라는 한 화합물을 만든다는 사실을 확인할 수 없었다. 따라서 공기는 산소와 질소가 결합한 화합물은 아니고 단지 그러한 산소와 질소의 비율로 섞여 있다는 것을 알 수가 있다. 이

62

러한 것들을 우리는 일반적으로 혼합물이라 부르며 화합물과 구별하고 있다.

산소와 질소가 결합하여 만들어진 물질은 따로 몇 종류가 있다는 것이 이미 프리스틀리에 의하여 발견되어 있었다. 혼합물의 예로는 구리[銅]와 아연(亞鉛)을 녹여 만드는 놋그릇[鍮器] 같은 합금이 있다. 또 백동(白銅), 청동(靑銅), 활자금(活字金) 등도 두 가지 이상의 금속 원자를 섞어서 용융해 만든 혼합물이다.

공기는 어떤 곳에서든지 산소와 질소가 일정한 비율을 유지하는 원인은 무엇일까? 이는 지구상의 모든 공기가 항상 뒤섞여지고 있기 때문으로 추정한다. 컵 안의 물에 빨간 잉크를 한두 방울 떨어뜨리면 처음에는 잉크가 떨어진 곳과 그렇지 않은 곳이 확실히 구별되지만, 컵의 물을 휘저으면 잉크의 빨간색은 컵 안의 어느 곳이나 똑같다. 이처럼 지구상의 공기는 항상 흐름을 이루어 뒤섞이기 때문에 지구상 어디에서나 그 성분의 비율이 일정하게 유지되어 있다. 이 일에 대해서는 앞으로 더욱 자세하게 설명될 것이다.

20. 배수 비례의 법칙

프루스트가 발견한 일정 성분비의 법칙, 즉 '한 화합물의 성분 비율[조성]은 항상 일정하다'는 법칙에 대하여 더욱 중요한 하나의 법칙이 영국의 돌턴(Dalton, 1766~1844, 그림 23)에 의하여 발견되었다. 돌턴은 19세기 초에 산소와 질소로 된 수 종류의 화합물에 대하여 그 성분 비율을 조사했다. 그런데 놀랍게도

질소의 무게 14에 대하여 산소의 무게
는 8, 16, 24, 40의 비율로 결합한 여
러 종류의 화합물이 존재한다는 것을
알아냈다. 즉 일정량의 질소 14와 결합
하고 있는 산소의 무게 비율이
$1 \cdot 2 \cdot 3 \cdot 4 \cdot 5$ 등의 비율을 유지하고 있
다. 또 이산화탄소와 일산화탄소에 대
해서도 일정량의 탄소 12g과 결합한
산소의 양은 각각 2와 1의 비율로 되어

〈그림 23〉 돌턴

있음을 알아냈다. 여러 가지의 산소와 질소가 결합한 화합물에서
일정량의 탄소에 대하여 산소는 $1 \cdot 2 \cdot 3 \cdot 4 \cdot 5$배 등의 비율로만 결
합할 뿐, 그 밖의 비율로는 결합하지 않는 이유는 무엇일까? 예
를 들면 질소의 무게 14g에 대하여 산소가 1g 또는 17.5g이
아닌 항상 산소 8g의 배수로 결합하는 이유는 무엇일까?

돌턴은 이 '배수 비례의 법칙'을 설명했다. 쉽게 이해할 수
있도록 다음과 같은 비유를 통하여 생각해 보자. 즉 질소 원자
를 은전(銀錢)이라 하고 산소를 동전(銅錢:錢)이라 하자. 그리고
다음과 같이 다섯 개의 주머니 안에는 다음 수만큼의 은전과
동전이 들어있다고 생각하자.

| 은전(질소) | 2 | 1 | 2 | 2 | 2 |
| 동전(산소) | 1 | 1 | 3 | 4 | 5 |

은전 한 개의 무게는 14g, 동전 한 개의 무게는 16g이라고
생각하자. 이렇게 하면 은전 한 개의 무게 14g에 대한 동전의
무게 비는 각각 8g, 16g, 24g, 32g, 40g으로써 그 무게 비는

정확히 1·2·3·4·5가 됨을 쉽게 알 수 있다. 이때 은전이나 동전은 반 조각이 아닌 한 개(한 닢)로 통용되고 있으며, 또 항상 은전 한 개는 14g, 동전 한 개는 16g으로 정해져 있으므로 둘이면 2배, 셋이면 3배가 되어 은전의 경우는 그 무게가 항상 14g의 배수(倍數)가 되고 동전의 무게는 항상 16g의 배수가 되는 것이지 그 중간 수는 나타날 수가 없다. 이렇게 생각을 펴 나가면 질소 원자의 무게 14g에 대하여 산소 원자의 무게는 8g의 배수가 된다는 것을 쉽게 설명할 수 있다.

실제로는 질소나 산소도 기체이므로 은전이나 동전과는 전혀 별개의 것이지만 현상을 이해하고 설명하는 데 적지 않은 도움을 준다.

돌턴은 19세기 초에 참으로 훌륭한 생각을 했다. 질소나 산소는 눈으로는 보이지 않지만 저마다 일정한 무게를 가진 작은 알갱이[입자]로 되어 있다고 추정한 것이다. 이 작은 알갱이에 돌턴은 원자(原子)라는 이름을 붙였다. 앞에서 보기를 들어 생각했던 작은 주머니 속의 은전과 동전 꾸러미 대신에 질소와 산소로 구성된 여러 가지 화합물들은 각기 질소 원자의 한 개 또는 두 개에 대하여 산소 원자가 한 개, 두 개, 세 개, 네 개, 다섯 개 등의 비율로 결합해서 생긴 물질로 생각할 수가 있다.

21. 원자설의 탄생

19세기의 초엽 돌턴은 모든 원소는 우리 눈으로는 보이지 않으나 일정한 무게를 지니고 있는 원자(原子)로부터 구성되었다는 가정을 기초로 하여 자신이 발견한 배수비례(倍數比例)의 법칙을 설명했다. 이처럼 물질은 눈으로는 보이지 않는 작은 알갱이[粒子]로 구성되어 있다는 생각은 이미 그리스 시대부터 전해오고 있었다.

원자라는 말의 의미도 '그 이상 나눌 수 없는 것으로 물질을 구성하는 제일 작은 단위'를 뜻한 것이었다. 돌턴이 발표한 원자설을 가지면 배수 비례의 법칙이 설명될 뿐 아니라 프루스트의 일정 성분비의 법칙과 라부아지에의 질량 보존의 법칙도 별다른 모순 없이 모든 현상을 설명할 수가 있었다.

모든 화합물이 각기 일정한 수의 각 원소의 원자로부터 구성되었다고 가정하면 각 화합물 안에 들어있는 성분 원소의 무게 비율은 일정할 수밖에 없다. 이것이 바로 프루스트의 일정 성분비의 법칙이다. 또 각 원소의 원자는 그 종류에 따라 일정한 무게를 지닌 채로 한 화합물에서 다른 화합물로 이동할 수 있으므로 라부아지에의 질량 보존의 법칙이 성립하는 것이다.

돌턴이 원자설을 발표하였지만, 그 당시에는 원자가 과연 얼마나 작은 것인가와 같이 모든 것을 알고 있지는 못했다. 두말할 필요 없이 원자 한 개의 무게가 얼마나 되는지는 알 턱이 없었다. 그러나 원자의 무게만큼은 화합물을 분석한 수치를 가지고 계산할 수가 있었다. 우리는 이것을 원자량이라고 부르고 있다. 정밀한 원자량을 다룰 때는 질량수 12인 탄소를 표준으로 하도록 국제적으로 규정되어 있지만(1962년), 보통의 학생 실험에서는 산소의 원자량 16을 표준삼아 다른 원소의 원자량을 계산해 내는 방법을 택한다(1870년 이래).

이 방법을 사용하여 개략적인 계산을 하면 수소는 1, 탄소는

66

수소	Hydrogen	1		Strontian	46	스트론튬
질소	Azote	5		Barytes	68	바륨
탄소	Carbon	54	I	Iron	50	철
산소	Oxygen	7	Z	Zinc	56	아연
인	Phosphorus	9	C	Copper	56	구리
유황	Sulphur	13	L	Lead	90	납
마그네슘	Magnesia	20	S	Silver	190	은
칼슘	Lime	24	G	Gold	190	금

〈그림 24〉 돌턴의 원자 기호

12, 질소는 14, 나트륨은 23, 칼슘은 40의 원자량을 가지고 있다. 다시 말하면 수소의 원자에 대하여 다른 원소의 원자는 각기 수소의 12배, 14배, 16배… 등의 무게를 지니고 있다.

돌턴의 원자설은 그 후 눈부신 발전을 거듭하여 온 결과, 현재는 원자 한 개의 크기나 무게까지도 정확히 알고 있을 뿐 아니라 원자는 다시 어떤 더 작은 알갱이로 구성되어 있는가의 연구까지 진행되고 있다. 현재의 물리학과 화학은 모두 돌턴의 원자설의 기초 위에 만들어졌다고 해도 지나침이 없을 것이다.

돌턴은 또 원자들을 기호로 나타내는 방법을 생각해내기도 했다. 예를 들면 수소의 원자는 ⊙, 산소의 원자는 ○, 유황의 원자는 ⊕로 표시했다. 따라서 만일 물이 수소 원자 두 개와 산소 원자 한 개가 결합하여 있음을 알았더라면 ⊙○⊙로 표시하고 메탄가스(천연가스)가 탄소 원자 한 개와 수소 원자 네 개가 결합한 것이었다면 🞉로 표시할 수가 있었다. 현재에는 수소 원자는 H, 산소 원자는 O, 질소 원자는 N, 탄소 원자는 C, 유황 원자는 S와 같은 로마자를 원자 기호로 삼고 있다 (1860년 이래). 우리는 오늘날 H가 수소 원자를 나타내고 있을 뿐 아니라 수소의 원자량이 1이라는 것도 함께 나타내고 있다. 이 규칙은 O, N 등에서도 똑같이 적용되며 O는 산소의 원자를 나타내며 그 원자량은 16이라는 것, 그리고 N은 질소의 원자를 나타내며 동시에 그 원자량은 14라는 것을 나타내고 있다. 이 기호법을 사용하면 물은 H_2O로 나타내며 동시에 물의 분자는 18이라는 분자량을 가진다는 것을 나타내 준다.

돌턴은 영국의 가난한 직조공의 아들로 태어났다. 젊었을 때는 초등학교의 선생님으로 아이들을 가르쳤다. 그 후, 상급 학교(중등학교)의 선생님으로서 가르치기도 하였지만, 이 일을 그만두고 각 지역을 돌면서 과학 강연을 하여 생활을 꾸려나갔다. 그는 한평생 동안 검소하게 살았으므로 명예나 지위 같은 것에 대해서는 조금도 생각지 않고 오로지 진리의 탐구만을 최대의 기쁨으로 알고 살아간 사람이었다. 현재 물리학과 화학의 기초를 만들어 놓은 돌턴이 한평생 이토록 검소하고 가난했다는 사실은 오늘을 살아가는 우리에게 인생의 목적이 무엇인지에 관하여 고귀한 교훈을 전해주고 있다.

22. 게이뤼삭과 기구

18세기의 말엽 인류는 오랫동안의 꿈이었던 공중 비행을 실행했다. 그 발단은 1783년에 몽골피에 형제가 파리에서 처음으

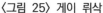

〈그림 25〉 게이 뤼삭

〈그림 26〉 최초의 기구

로 기구(氣球)를 날린 데서 비롯한다. 몽골피에 형제의 기구는 밑에서 불을 피워 더워지고 가벼워진 공기가 기구를 공중으로 밀어 올리는 방식이었다. 그러나 이 방법은 오래지 않아 실용성을 상실하고 샤를에 의하여 발명된 기구에 수소를 채워 넣는 방법이 실용성을 인정받게 되었다. 몽골피에 형제가 기구 비행을 하던 1783년 12월 1일에 수소를 채워 넣은 샤를의 기구가 파리의 하늘을 날자 40만 명의 구경꾼이 모였다고 전해진다.

1804년에는 게이뤼삭(Gay Lussac, 1778~1850, 그림 25)이 샤를의 기구를 타고 처음으로 고공(高空)의 과학적 관측을 했다. 이때 게이뤼삭은 지상에서부터 7,000m의 높이까지 올라가서 기온을 재기도 하고 지자기(地磁氣: 지구가 가지는 자기)의 관측도 실행했다. 또 이때 그는 7,000m 높이의 공기를 채집해 와서 공기 성분의 분석도 아울러 했는데 그 결과 그 공기의 성분 비율은 지상의 공기와 조금도 다를 바 없음을 알아내었다.

또 이때 지상의 공기 온도는 27.5℃였는데 7,000m 상공의 공기 온도는 -9.5℃라는 것을 발견했다. 즉 하늘은 높이 오르면 오를수록 공기 온도는 낮아진다는 것을 이렇게 하여 알게 된 것이다. 당시 몇몇 과학자들은 번개와 우레의 원인은 수소와 산소가 폭발적으로 결합하기 때문이라고 추정하고 있었는데, 게이뤼삭은 7,000m 상공의 공기 중에는 수소가 조금도 존재하지 않는다는 것을 그 공기를 분석함으로써 확인했고, 이는 흥미 있는 가설 검증의 하나로 기록되고 있다.

당시의 기술로는 대단한 모험이었던 기구를 타고 7,000m라는 놀라운 높이까지 홀로 올라가서 여러 가지 측정과 관찰을 수행한 게이뤼삭의 용기에 오늘날 우리는 감탄을 금할 수밖에 없다. 진리의 탐구를 위해서는 어떠한 위험도 무릅쓰며 굳세게 자기의 임무를 수행한 게이뤼삭의 열의는 진리의 탐구를 위하여 평생을 바친 수많은 과학자와 함께 탐구 정신의 모범으로 길이 빛날 것이다.

게이뤼삭은 1778년에 프랑스의 한 시골에 사는 가난한 재판관의 아들로 태어났다. 그가 12세 때 프랑스 혁명이 일어나서 그의 아버지도 한때 혁명군에 체포되었다. 그러나 다행히 그의 아버지는 석방되었고, 그는 프랑스의 혁명 정부가 1794년에 건립한 포공학교(砲工學校)에 입학하여 물리학과 화학을 공부했다. 파리의 포공학교는 그때까지 귀족에게만 독점되어 오던 고등 교육을 다수의 가난한 평민에게 개방하기 위하여 혁명정부가 창립한 학교였으므로 뛰어난 재질을 가진 인재들을 모아 정부에서 장학금을 지급하며 공부시키고 있었다. 게이뤼삭은 이 포공 학교의 제1회 졸업생이었다. 졸업 후에 게이뤼삭은 모교

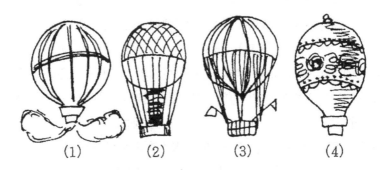

〈그림 27〉 초기의 기구: (1), (4)는 몽골피에의 기구, (2), (3)은 수소 기구

의 교사로서 성실하게 한평생을 이 학교에서 근무했다. 이 학교는 그 후 참으로 훌륭한 수학자, 물리학자, 화학자를 많이 배출하여 프랑스뿐 아니라 당시 세계 문화의 발전에 크나큰 공헌을 했다.

위대한 화학자 라부아지에에게 상처를 준 프랑스 혁명은 이렇게 훌륭한 포공학교를 창설, 육성함으로써 그들의 잘못을 속죄했다고 말할 수도 있을 것이다.

게이뤼삭의 시대는 프랑스 혁명의 직후로써 혼란과 빈곤으로 가득한 시기였지만, 그는 이 같은 역경과 곤란에도 굴하지 않고 기구상에서의 관측을 비롯하여 기체반응의 법칙 등 수많은 연구에 일생을 바쳤다. 우리는 앞으로 게이뤼삭이 수행한 훌륭한 연구 중에서 중요한 몇 가지를 배우게 될 것이다.

23. 기체의 팽창 계수는 일정하다

우리는 앞에서 기체를 압축하면 그 압력에 비례하여 부피가 줄어든다는 진리를 보일이 발견했음을 배운 바 있다. 그렇다면 기체 온도가 높아질 때는 그 부피가 어떻게 변할까? 몽골피에 형제가 기구를 날렸을 때와 같이 공기를 뜨겁게 만들면 팽창하여 가벼워진다는 사실은 대체로 이전부터 알려져 있었다. 그러나 기체의 온도 상승과 팽창 사이의 비율을 수량적으로 정확하게 측정한 사람은 게이뤼삭이었다. 즉 게이뤼삭은 실제로 공기, 산소, 수소, 질소, 탄산가스 등의 온도 상승에 따른 그 부피 팽창의 비율을 측정했다. 그런데 이 측정 결과로 게이뤼삭은 놀라운 사실을 발견했다. 그것은 다름이 아니라 기체 온도를 0℃에서 100℃까지 올릴 때 그 부피는 기체의 종류와 관계없이 원래 부피의 0.375만큼 증가한다는 사실이었다. 게이뤼삭의 실험 결과를 소개하면 다음과 같다. 각 기체의 온도를 0℃에서 100℃까지 올릴 때 0℃에서의 각 기체의 부피를 1로 한다면

공기 : 0.3750   산소 : 0.3749

수소 : 0.3752   질소 : 0.3749

만큼씩 팽창한다는 것을 게이뤼삭이 발견한 것이다. 오늘날 정확한 측정값은 0.366이라고 알려져 있다. 이 값은 기체 온도가 100℃ 오를 때의 수치이므로 1℃의 온도 상승에 대해서는 0℃의 부피의 0.00366, 즉 1℃의 온도 상승에 대해서는 1/273만큼씩 그 부피가 증가하는 셈이다. 이 수치를 기체의 팽창계수

(膨脹係數)라 부른다. '기체의 팽창계수는 기체의 종류와 관계없이 1/273'이라는 기체 팽창 계수 일정의 법칙은 이전부터 샤를에 의하여 주장되어 있었으므로 게이뤼삭-샤를의 법칙이라고 말하기도 한다.

이 법칙은 대수식(代數式)으로 나타내면 다음과 같다. 식 중의 V_0는 0℃ 때의 기체의 부피(ℓ)이고, V_t는 기체의 온도가 t℃ 때의 부피이다.

$$V_t = V_0(1+\frac{1}{273})$$

위 식의 t를 10℃라 하면 V_t는 V_0의 1.0366배가 되고, t를 100℃로 하면 V_t는 V_0의 1.366배가 되며, t를 273℃하면 V_t는 V_0의 두 배가 된다.

24. 기체 반응의 법칙

우리는 앞에서 라부아지에가 산소의 부피 100에 대하여 수소의 부피는 200의 비율로 결합하여 물이 만들어진다는 것을 관찰했음을 배운 바 있다. 게이뤼삭은 수소와 산소뿐 아니라 다른 기체들이 결합할 때에도 각기 일정한 부피 비율로 결합이 일어나는지를 정밀하게 측정했다.

우선 게이뤼삭은 염화수소(이 기체를 물에 녹인 것이 염산이다)와 암모니아의 두 기체가 서로 100:100의 부피 비율로 결합하여 백색의 염화암모늄이 생긴다는 것을 발견했다. 또 산소

100부피에 일산화탄소 200부피가 결합하여 이산화탄소(탄산가스) 200부피가 생긴다는 것, 그리고 암모니아가 생길 때는 질소 100부피가 수소 300부피와 결합하여 암모니아 200부피가 생긴다는 것 등을 측정했다. 물의 경우는 앞에서도 말했듯이 산소 100부피와 수소 200부피가 결합하여 수증기 200부피가 생겼다.

이처럼 게이뤼삭은 기체들 사이의 결합은 항상 서로 간단한 부피 비율로 일어나며 이때 생긴 기체 물질의 부피도 또한 간단한 정수비를 이룬다는 것을 발견했다. 이 현상을 그림으로 나타내면 다음과 같다(일산화탄소는 숯불을 피울 때 파란 불꽃을 내며 타는 기체로 아주 강한 독성을 지니고 있다).

$$\boxed{질소} + \boxed{수소} = \boxed{암모니아}$$
부피   1   3   2

$$\boxed{수소} + \boxed{산소} = \boxed{수증기}$$
부피   2   1   2

$$\boxed{산소} + \boxed{일산화탄소} = \boxed{이산화탄소}$$
부피   1   2   2

이 사실들에 대하여 완전한 설명을 할 수 있었던 사람은 이탈리아의 아보가드로(Avogadro, 1776~1856)였는데 그는 우리가 이미 배운 바 있는 일정 성분비의 법칙과 배수 비례의 법칙 그리고 게이뤼삭의 기체 반응의 법칙이 서로 밀접한 관계를 맺고 있다는 가정을 기초로 했다. 아보가드로는 1811년에 모든 기체는 그 온도와 압력이 같은 조건으로 같은 부피 안에 같은 개수의 분자를 가지고 있다는 가정을 기초로 설명했다. 분자라 하는 것은 앞에서 설명하였듯이 두 개 이상의 원자가 결합한 물질의 단위 입자를 일컫는다. 따라서 화합물은 모두 분자들의 집합체이고 화합물이 아닌 산소·수소·질소 같은 원소는 두 개의 같은 종류의 원자가 결합한 분자로 이루어졌다고 아보가드로는 추정했다. 이 아보가드로의 추정이 얼마나 중요한 것인지에 관해서는 뒤에서 자세하게 설명할 것이다.

25. 아보가드로의 분자설

〈그림 28〉 아보가드로

게이뤼삭에 따르면 암모니아가 생길 때는 질소의 부피와 수소의 부피가 3:1의 비율로 반응하여 결합한다. 또 암모니아의 성분을 분석해 보면 수소 3g에 대하여 질소는 14g의 비율로 결합하여 있음을 알 수 있다. 앞에서도 설명하였듯이 수소의 원자량은 1, 질소의 원자량은 14이므로 암모니아는 질소 1원자에 대하여 수소 3원자의 비율로 결합되어 있다는 것을 추정케 한다. 여기에서 우리가 주목할 만한 일은 이 두 원소의 원자가 결합한 비율 1:3은 게이뤼삭이 발견한 기체 반응에서의 부피 비와 일치한다는 사실이다. 그런데 우리를 난처하게 만드는 것은 게이뤼삭의 측정에 따르면 이때 생기는 암모니아의 부피가 1이 아니라 2라

는 사실이다. 기체가 서로 반응하여 결합할 때는 그 반응 기체
및 생성된 기체 사이에 간단한 부피 비율이 성립한다는 규칙성
을 발견한 게이뤼삭 자신도 이런 일이 어떻게 생기는지, 즉 규
칙의 내용은 설명할 수 없었다.

그러나 아보가드로(Avogadro, 1776~1856, 그림 28)는 질소
나 수소도 그 분자는 같은 종류의 원자가 두 개씩 결합하여 있기
때문에 그 결과로 암모니아가 두 분자 생겨난 것으로 추정했다.

이것을 화학식으로 표시하면 다음과 같다.

$$N_2 + 3H_2 = 2NH_3$$

아보가드로가 추정하였듯이 같은 압력과 온도 조건에 있는
모든 기체는 그 같은 부피 안에 같은 개수의 분자가 들어있다
고 가정한다면 위 식의 질소분자(N_2) 개수 및 수소분자(H_2)의
개수, 암모니아분자(NH_3) 개수의 비율은 각각의 기체의 부피
의 비율과 같아진다. 그뿐 아니라 질소와 수소가 반응한 무게
의 비율은 2×14=28과 3×2=6, 즉 14:3의 비율이 성립한다.
이렇게 함으로써 암모니아가 만들어질 때 성립하는 일정 성분
비의 법칙도 아보가드로의 가설을 가지고 설명할 수가 있었다.
같은 방법으로 수소와 산소가 결합하여 수증기가 생겨나는 반
응은

$$2H_2 + O_2 = 2H_2O$$

산소가 일산화탄소와 결합하여 이산화탄소가 생기는 반응도

$$O_2 + 2CO = 2CO_2$$

로 쓸 수가 있다.

아보가드로의 생각에 따르면 수소를 표준삼아 한 기체의 비중을 잰 다음 그 값을 두 배로 해주면 그 기체의 분자량이 된다. 다시 말하면 수소의 원자량은 1이므로 수소 분자는 H_2(이것은 수소 원자 두 개가 결합하여 수소 분자 한 개가 생성되었음을 의미한다)이므로 그 분자량은 2라는 것이다. 그런데 비중(比重)이라는 것은 같은 온도와 압력 조건에 있는 기체의 서로 같은 부피의 무게 비율이므로 만일 그 부피 안에 각각의 기체 분자가 같은 개수 들어있다고 가정한다면 수소에 대한 다른 기체의 비중 값을 두 배로 하면 그 기체의 분자량이 된다는 것을 쉽게 이해할 수가 있을 것이다. 이러한 방법을 사용하면 산소(O_2)는 32, 질소(N_2)는 28, 이산화탄소(탄산가스: CO_2)는 44, 일산화탄소 (CO)는 28, 수증기(H_2O)는 18, 암모니아(NH_3)는 17이라는 분자량을 결정할 수가 있다.

또 이산화탄소(CO_2)의 분자량 44중에서 32는 산소의 무게이고 나머지 12는 탄소의 무게인 것이다. 일산화탄소(CO)의 분자량 28은 산소의 원자량 16과 탄소의 원자량 12를 더한 값이기도 하다. 여기에서 이산화탄소와 일산화탄소, 두 화합물의 산소의 무게 비는 32:16, 즉 2:1이 되어 돌턴의 배수 비례의 법칙이 성립하는 까닭도 간단하게 설명할 수가 있다. 이토록 유용하고 놀라운 아보가드로의 천재적 가설은 발표한 후 무려 50년간이나 과학자들의 관심을 끌지 못한 채 묻혀있었다.

우리는 이제까지 프루스트, 돌턴, 게이뤼삭, 아보가드로 등의 노력으로 원소, 원자, 분자, 화합물 등에 대하여 각기 확실한 의미(개념)를 배웠다. 이렇게 함으로써 우리는 공기에 대한 화학을 배우기 위한 튼튼한 기초를 닦은 셈이다. 즉 갈릴레이가 처음으로 공기도 무게를 지니고 있다는 것을 발견한 이래 아보가드로의 분자설로 발전하기까지 약 250년의 세월이 소요되었다. 그 사이에는 이 책에 담지 못한 수많은 천재 과학자들이 장막으로 가려진 공기의 비밀을 하나씩 끈기 있게 파헤쳐 갔다. 다시 말하면 이탈리아의 과학자도, 프랑스의 과학자도, 영국과 독일의 과학자도 모두 같은 목표, 공기의 비밀 해명을 위하여 한평생을 바쳤다. 우리가 이제까지 배운 것은 이 목표 달성을 위하여 한평생을 바친 많은 과학자 중에서 가장 위대했던 과학자들과 그들의 주요 업적에 대한 것이다. 그러나 우리는 이들 과학자만의 힘으로 화학이 발전한 것으로 생각해서는 안 된다. 위대한 과학자들과 더불어 이들이 드높이 뛰어오르도록 하기 위한 굳건한 토대를 구축한 수많은 무명 과학자와 연구자들이 있었기에 그러한 성취를 이룰 수 있었다는 것을 결코 잊어서는 안 될 것이다.

우리의 앞날을 밝히기 위하여 여러 어려움을 무릅쓰며 헤쳐 나간 이들과 그 업적을 배움으로써 여러분 중에서도 제2의 라부아지에, 제2의 돌턴이 탄생할 수 있기를 기대한다.

26. 아르곤의 발견

앞에서 자세히 설명한 바와 같이 대기(공기)가 산소(O_2), 질소(N_2), 소량의 이산화탄소(탄산가스: CO_2)로 된 혼합 기체라는 것이 분명해졌다. 사람들은 공기에 대해서는 이것으로 모든 것이 해결된 양 생각하여 19세기 말엽까지 공기에 관심을 두고 더욱 연구하려는 사람은 많지 않았다. 그런데도 19세기 말엽 공기에는 이산화탄소보다 훨씬 많은 양의 새로운 기체, 원소가 누구에게도 알려지지 않은 채로 숨어있다는 놀라운 사실이 관찰되었다.

영국의 레일리 경(Sir. Rayleigh, 1842~1919, 그림 29)은 1890년경 기체의 밀도를 하나하나 정확히 측정하고 있었다. 그는 우선 산소에 대하여 조사한 결과 대기 중의 산소와 산소를 포함한 여러 가지 화합물로부터 얻어낸 산소의 밀도는 완전히 일치한다는 것을 알아냈다. 그런데 대기 중의 질소와 암모니아를 분해하여 얻어낸 질소의 밀도 사이에는 차이가 생겼는데 공기 중의 질소가 약 1/200만큼 무겁다는 것이 확인되었다. 이때 레일리 경의 측정값은 1/10,000까지 정확할 만큼 정밀했으므로 1/200의 차이는 아무리 실험의 오차를 고려한다 하더라도 단순한 오차로 보아 넘길 수는 없었다.

램지(Sir. William Ramsay, 1852~1916, 그림 30)는 이 의문을 해결하려고 마음먹었다. 램지는 우선 공기로부터 산소와 이산화탄소를 완전히 제거하여 순수하다고 생각되는 질소를 얻어냈다. 그다음 이 질소를 적열(赤熱: 달굼)시킨 마그네슘에 몇 번이고 되풀이하여 통과시켰다. 이렇게 하면 질소 기체는 마그네슘과 결합하므로 질소의 양은 점차 줄어든다. 이렇게 적열시킨 마그네슘 위를 몇 번이고 통과시키고 난 다음 질소의 비중을 재었더니 질소의 비중은 마그네슘에 통과시키기 전보다 무거워져서 수소의 14배가 아니라 거의 15배나 되는 무게였다. 이것은 램지가 1894년 5월에 실시한 실험값이다.

〈그림 29〉 레일리   〈그림 30〉 램지

램지는 이에 힘을 얻어 같은 실험을 되풀이했다. 즉 램지는 빨갛게 가열한 마그네슘 위에 일정량의 공기에서 얻어낸 질소를 십 일간이나 통과시키는 일을 반복했다.

이 결과로 처음의 질소 부피의 약 1/80의 기체가 남았는데, 그 비중은 수소의 19배였다. 레일리 경도 다른 방법으로 공기 중의 질소로부터 더욱 무거운 기체를 분리해냈다. 이 기체는 아르곤이라 부르는데, 정확한 비중은 수소의 거의 20배(19.94)이고 공기로부터 분리한 질소 중에는 1.19%, 즉 공기 중에는 약 0.9%만큼 존재하는 셈이다. 이 때문에 공기에서 분리해낸 질소는 질소화합물에서 얻어낸 질소보다 정확히 1/200만큼 무겁게 측정되는 것이었다.

우리는 이 새로운 원소인 아르곤에 대하여 다음 장에서 좀 더 자세히 배우게 될 것이다. 그렇다 하더라도 레일리 경이나 램지가 질소의 비중을 측정할 때 나타난 조그만 차이에 눈을 떼지 않고 탐구를 계속한 결과 새로운 원소의 발견을 이룩해냈다는 것은 오늘날 우리에게 적지 않은 교훈이 되고 있다. 우리는 자칫하면 조그만 차이쯤은 그냥 보아 넘기기가 쉽고 또는 이것만은 예외일 수도 있다고 그 차이를 소홀히 다루기 쉽다. 그러나 이 책에서 우리가 본 바와 같이 자연은 이렇게 작고, 또 많은 사람이 깨닫지 못하는 곳에 이토록 중요한 비밀을 감추고 있다는 것을 아르곤의 발견에서 잘 알 수 있다.

27. 게으름뱅이 아르곤

레일리 경과 램지에가 발견한 아르곤은 그 당시까지 알려져 있던 기체 원자와는 전혀 다른 성질을 가지고 있다는 사실이 알려지기 시작했다. 그 하나로 아르곤(Ar)은 다른 원자와 쉽게 결합하지 않는다는 사실이다. 산소나 질소, 수소와 같은 원자들은 다른 원자와 쉽게 결합하여 각각 수많은 화합물을 만든다. 반면 아르곤만은 어떠한 방법으로도 다른 원자와 결합하지 않았다. 이 때문에 아르곤은 공기 성분 중에서 비교적 안정된 성질을 가진 질소와 행동을 같이 해왔으므로 사람들의 눈에 쉽게 띄지 않았다. 아르곤은 다른 원자와의 결합을 싫어하는 게으름뱅이여서 그리스어로 게으름뱅이라는 의미를 가진 아르곤이라는 이름이 붙었다.

아르곤이 다른 기체 원자와 다른 두 번째 성질은 한 원자가 하나의 분자로 존재할 수 있다는 점이다. 산소, 질소, 수소 등의 기체 원자는 O_2, N_2, H_2 등으로 표기하듯이 두 개의 원자가 서로 결합하여 한 개의 분자를 이루고 있지만, 아르곤의 분자는 Ar_2로 존재하는 것이 아니라 단지 Ar로 존재한다. 아르곤의 수소에 대한 비중 19.94는 수소 분자(H_2)에 대한 비중이므로 아르곤의 원자량은 19.94의 두 배인 39.9다. 또 아르곤은 -189.2℃에서 액체로 변하고 이 액체는 -185.7℃에서 끓으므로 보통 온도(실온)에서는 항상 기체 상태로 존재할 수밖에 없다.

게으름뱅이 아르곤과 같은 부류에는 네 가지의 원자가 더 있다는 것이 램지에 의하여 하나씩 차례로 밝혀졌다. 놀랍게도 이 다섯 개의 게으름뱅이들은 모두 공기(대기) 중에 고요히 숨어 있다는 것도 밝혀졌다. 우리는 앞으로 아르곤의 형제들에 대하여 추적하게 될 것이다.

28. 태양에 있는 물질—헬륨

램지는 대기 이외의 곳에도 아르곤이 들어있을 것으로 생각한 나머지 땅속에서 분출되는 가스나 광물에 포함된 기체들에 대하여 자세히 조사하기 시작했다. 이 조사 중에 지금은 원자폭탄을 만드는 데 쓰이는, 제일 무거운 원자를 함유하는 광석(우라늄) 중에서 대단히 가벼운 기체 원자를 분리해 내었다. 이 기체의 비중은 수소 비중의 두 배에 불과하며 그 당시에 발견된 원자로서는 수소 다음으로 가벼운 기체였다. 더욱 이 기체는 아르곤과 마찬가지로 그 이상 원자 상태로 분리되지 않으며, 다른 원자들과 결합하지도 아니하였으므로 아르곤과 같은 형제이며 한 원자가 한 분자를 이루고 있는 것으로 추정했다. 따라서 원자량은 4로 결정했다. 이 기체에 헬륨이라는 이름이 붙여진 것은 1895년의 일이었다. 헬륨은 그리스어로 태양이라는 뜻을 가진 말에서 비롯된 것이다.

그러면 왜 램지는 이 가벼운 기체에 헬륨이란 이름을 붙였을까? 헬륨이라고 명명(命名)한 이유에 대해서는 좀 복잡하지만 재미있는 이야기가 숨어 있다.

여러분은 알코올램프나 프로판가스 등의 불꽃 속에 소금을 넣어 태우면 노란색의 불꽃이 생기는 것을 본 일이 있을 것이다. 이 불꽃을 프리즘으로 스펙트럼을 만들어 보면 한 줄기의 노란 선이 보인다. 이 노란 선은 흔히 나트륨의 D선이라고 해서 소금을 이루고 있는 나트륨과 염소 원자 중 나트륨 원자에서 나오는 빛이다. 우리는 복잡한 화학 분석을 하지 않더라도 여러 가지 물질에서 발생하는 빛의 스펙트럼을 관찰함으로써 그 물질이 무슨 원자로 이루어졌는지 추정할 수 있다.

어떤 종류의 원자든지 그 원자 특유의 스펙트럼이 나타나므로, 예를 들면 D선이 나타나는 위치는 나트륨이 들어있다는 것을 추정할 수 있게 하는 것이다.

1868년 8월에 인도에 일식이 일어났다. 영국의 록키어 (Lockyer, 1836~1920)는 코로나의 빛을 스펙트럼으로 관찰한 결과 나트륨의 D선 근처에 지구상에서는 볼 수 없는 새로운 빛(스펙트럼) 하나를 발견했다. 록키어는 이 빛은 태양의 바깥을 둘러싸고 있는 기체 속에 들어있는 지구상에는 없는 종류의 원자로부터 발생하는 빛이라고 추정하여 이 기체에 헬륨이라는 이름을 붙였다. 앞에서도 잠깐 이야기하였듯이 헬륨은 그리스어로 '태양을 이루는 물질'이라는 의미다.

램지는 자신이 발견한 수소 다음으로 무거운 기체로부터 발

생하는 빛을 스펙트럼을 기준 삼아 조사한 결과, 이제까지 태
양에만 존재하는 것으로 알았던 원자와 똑같은 스펙트럼을 발
생하는 원자가 지구상에도 존재한다는 것을 알아내었다. 즉
1868년 '록키어'에 의하여 태양의 대기에서 처음으로 발견된
헬륨이, 그 후 1895년에 램지에 의하여 우라늄 광석에서 새로
이 발견된 기체와 같은 스펙트럼을 나타냄을 확인했으므로 램
지가 발견한 기체에도 헬륨이란 이름을 붙이게 되었다.

램지의 연구가 깊어져 감에 따라 헬륨은 공기 중에도 극히 소
량으로 존재한다는 것이 확인되었다. 따라서 헬륨, 즉 '태양을
이루는 물질'이라는 뜻의 이 기체는 지구상에도 있으므로 결국
잘못 붙여진 이름이다. 그렇다고 해서 놀랄 필요는 없다. 오늘날
우리가 사용하는 원자(원소)의 이름에는 헬륨과 같이 잘못 붙여
진 이름이 또 있기 때문이다. 그 예로 산소(酸素)도 잘못 붙여진
이름 중의 하나이다(14. 화학의 아버지—라부아지에 참조).

헬륨은 -272.3℃에서 액체로 변하고, -269.0℃에서 끓어서
기체로 변하는 성질을 가지고 있다. 따라서 헬륨은 항상 기체
로 존재한다. 또 액체 헬륨은 현재로서는 이 세상에서 가장 낮
은 온도(초저온)의 냉동제로 이용되고 있다.

램지는 아르곤, 헬륨에 이어서 네온, 크립톤, 제논 등 세 가
지 기체를 공기 중에서 분리해내는 데 성공했다. 이들은 모두
아르곤과 같이 1원자 분자를 이루며 다른 어떤 원자와도 쉽게
결합하지 않는다.

아르곤과 그 동족원자(同族原子)들이 공기 중에 들어있는 비
율을 소개하면 다음과 같다.

아르곤   0.93%

헬륨	0.00052%
네온	0.0018%
크립톤	0.00011%
제논	0.000009%

이들 기체 원자는 그 당시로써는 아주 드물고 산소나 질소와 비교하면 훨씬 그 함량도 적었으므로 희유기체원소(稀有氣體元素)로 부르기도 했다. 이미 아르곤과 헬륨의 어원에 대해서는 비교적 자세히 설명하였으므로 아울러 네온(Ne), 제논(Xe), 크립톤(Kr)의 이름의 연유도 간략하게 설명하고 넘어가기로 한다. 네온은 '새로운 것'이라는 뜻에서 비롯했고 제논은 '외래자'란 뜻에서 비롯했으며 크립톤은 '숨어 있는 것'이란 뜻에서 나왔다.

희유기체 원소는 발견 당시에는 틀림없이 흔하지 않은 것이었다. 그러나 지금은 공업적으로 공기에서 분리해내는 기술이 개발됨에 따라 많이 만들 수 있게 되었다. 또 이들은 아르곤 램프나 네온램프 속에 넣음으로써 그토록 아름다운 청자색이나 빨간빛으로 밤거리를 물들인다든지 전구 안에 아르곤을 채워넣어 전구 속의 필라멘트를 보호하는 데 활용되기도 한다.

29. 헬륨과 방사성 원소

원자 폭탄의 원료로 사용되는 우라늄을 품고 있는 광석 중에서 램지가 헬륨을 찾아냈다는 것을 우리는 앞에서 알았다. 도대체 우라늄과 헬륨은 무슨 관계를 맺고 있을까?

우라늄은 원소 중에서 원자량이 가장 큰 원자이다. 원소를 원자량의 작은 순서로 배열하면 수소가 원자량이 1로 제일 가벼워서 1번이고, 헬륨은 원자량이 4여서 수소 다음으로 2번, 탄소는 원자량이 12여서 6번, 질소는 원자량이 14여서 7번, 산소는 원자량이 16이어서 8번이라는 순서로 계속되어 마지막에 우라늄은 원자량이 238로써 92번을 차지하여 자연계에서 산출되는 원소로는 가장 큰 원자량을 가지고 있다.

프랑스의 베크렐(Becquerel, 1852~1908)은 1896년 어느 날 우연히도 우라늄 화합물을 검은 종이로 싸놓은 사진 건판 위에 무심코 올려놓았다. 그런데 그는 나중에 이상한 일을 발견했다. 베크렐이 그 사진 건판을 현상했을 때 이상하게도 그 우라늄 화합물 덩어리의 겉모양과 문양까지 분명하게 사진으로 현상되어 나오는 것이었다. 사진 건판은 검은 종이로 잘 싸여 있었으므로 어느 곳으로도 빛이 새어들어 갈 수는 없었다. 따라서 이 현상을 설명하려면 그 화합물에서 일종의 빛이 나와서 검은 종이를 통과하여 사진 건판에 도달했다고 추정할 수밖에 없었다.

그렇다면 이 빛과 같이 작용한 것은 무엇일까? 우라늄 화합물에서 나와 사진으로 찍힌(사진 건판을 감광시킨) 빛과 같이 작용한 실체(實體)는 도대체 무엇이며 또 이것이 세상에 어떻게 밝혀졌는지 자세히 알려면 우리는 또 다른 한 권의 책에 담고도 남을 분량의 내용을 추가해야 한다. 이것은 참으로 재미있고 복잡한 내용인데 독자 여러분들이 이 내용을 앞으로 배울 기회가 있기를 바란다. 우리는 여기서 여러 가지 제약 때문에 하는 수 없이 그 결과만을 소개하는 데 그치기로 한다. 그 빛의 본체는 유명한 여성 과학자 마리 퀴리(Marie Curie, 1867

〈그림 31〉 자전거로 소풍 길에 오르고 있는 퀴리 부부

~1934)에 의하여 발견되었다.

마리는 폴란드에서 태어나서 프랑스에 유학했고, 과학을 연구하다 프랑스의 물리학자 피에르 퀴리와 결혼하여 프랑스 사람이 되었다. 마리는 남편 피에르와 공동으로 우라늄뿐 아니라 다른 원자도 이와 같은 성질을 갖는 것이 또 있을 것을 예상하여 연구한 결과 폴로늄, 라듐 등의 새로운 방사성 원자를 발견했다. 이 중 폴로늄은 마리의 조국(국력이 허약하여 항상 인접한 강대국의 침략으로 고통 받는 폴란드의 자존과 영광을 염원하며) 이름을 따서 지은 것으로 유명하다.

이들 원소의 원자들로부터는 다음 세 가지의 신기한 방사선이 튀어나온다. 그 하나는 뢴트겐이 발견한 X선에 흡사하면서도 대단히 강한 투과력을 지닌 방사선으로 감마선이라 불린다.

두 번째는 전기적으로 마이너스의 성질을 띤 방사선으로 베타선이라 불리는 것이고, 마지막 세 번째는 플러스의 전기를 띤 알파선이라 불리는 것이었다(여기의 알파, 베타, 감마는 그리스어의 a, b, c에 해당하는 문자이다).

그런데 이 알파선이 헬륨과 관계있는 것을 마리가 알아낸 것이다. 즉 알파선은 방사성 원자에서 튀어나오는 플러스의 전기를 띤 헬륨이다.

이것으로써 우리는 램지가 우라늄 광석에서 헬륨을 발견하게 된 까닭을 이해할 수 있다. 다시 말하면 우라늄 광석 중에서는 항상 쉴 새 없이 적은 양의 헬륨이 생겨난다. 두말할 나위 없이 램지 자신은 이런 일이 우라늄 광석 중에서 일어나고 있다는 것은 모른 채로 새로운 기체를 찾아내는 데만 열중하던 중 운 좋게도 우라늄 광석과 맞닥뜨린 것이다.

이상과 같은 것을 생각하면 자연 과학이란 참으로 많은 사람의 협력으로 만들어진다는 것, 베크렐이 발견한 우라늄의 사진 작용이 탐구의 방향이 전혀 다른 램지의 헬륨과 연관을 가지며, 이것이 또 록키어의 일식 관측 현상과 연결되는 모양으로 전혀 예상 밖에 진리의 그물코가 연결되어 있다는 데에 놀라움을 금할 수 없다.

헬륨은 이처럼 방사성 원소로부터 1년 내내 쉴 새 없이 언제나 새로이 만들어지고 있다. 이 방사성 원자에서 헬륨이 만들어지는 속도는 온도의 높낮이에도 관계없고 또 외부의 압력이 높고 낮음에도 무관하게 항상 일정하므로 광석 중에 들어있는 방사성 원자의 양과 헬륨의 양을 측정하면 이 광석이 생겨난 나이를 산출할 수 있다. 또 우라늄은 대개의 암석 중에 조금씩은 들어있으므로 지층이 오래되었고 그 사이에 큰 지각 변동이 없었던 곳일수록 헬륨이 많이 축적되어 있다. 이처럼 축적된 헬륨이 땅속에서 분출하는 천연가스 속에 많이 섞여 나오는 일이 아메리카 대륙에는 가끔 있다. 또 아메리카에서는 수소 대신에 헬륨을 채워 넣은 비행기구를 만들어 내는 일도 많다. 수소는 불에 타기 쉽고 폭발하기 쉬운 데 반하여 헬륨은 그와 같은 위험성이 전혀 없고, 수소 다음으로 가벼운 기체이므로 비행선이나 기구 제작에는 아주 적절한 재료이기 때문이다.

30. 오존—냄새나는 기체

전기를 사용하는 기계가 발명된 후에 사람들은 작동하는 전기 기계의 옆에 가면 이상한 냄새가 풍긴다는 사실을 알게 되었다. 사람들은 처음에 이 냄새가 전기와 관계있는 어떤 물질에 기인하는 것이 아닌지 추정하기도 했다. 그 후 슈엔바인이라고 하는 독일의 과학자는 1840년에 물을 전기 분해하여 수소와 산소로 분리했을 때 전기 분해로 얻어낸 산소에서는 위와 같은 이상한 냄새가 나며, 그 산소의 산화 능력은 보통의 산소보다도 강력하다는 것을 알아내었다.

슈엔바인은 이 강한 산화력과 특이한 냄새를 지닌 기체에 오존이라는 이름을 붙였다. 오존이라는 이름은 그리스어로 '냄새'라는 뜻을 가진 말에서 연유했다. 그러나 슈엔바인은 오존이 수소와 산소가 결합하여 생긴 화합물일 것으로 추측했다(수소와 산소의 결합으로 생긴 화합물에는 물(H_2O) 외에도 과산화

수소(H_2O_2)가 있다. 과산화수소의 묽은 수용액은 옥시풀이라고 하는 소독약이다). 그 후 프랑스 과학자들의 연구 결과 오존은 수소의 산화물이 아니라 산소 원자가 세 개 결합하여 만들어진 산소의 형제라는 것이 밝혀졌다.

보통의 산소는 O_2로 표기되는데 오존은 O_3로 표기한다. 오존의 이상한 냄새는 오존 기체가 공기 1ℓ 중에 30만분의 1만 들어있어도 확실히 알 수 있을 만큼 우리의 후각은 이 기체에 예민하다고 알려져 있다.

31. 오존과 자외선

여러분은 흔히 병원에서 사용했다는 태양등(太陽燈)을 알고 있을 것이다. 태양등은 수은과 수은이 전기 불꽃을 만들어서 강한 자외선을 발생하는 장치이다. 이때 오존이 만들어지는 과정은 다음과 같다.

$$O_2 + 강한\ 자외선 \rightarrow O+O$$

$$O+O_2 \rightarrow O_3$$

우선 공기 중의 산소 분자는 태양등에서 나오는 강한 자외선에 쪼이면 분해되어 산소 원자로 변한다. 여기에서 생긴 산소 원자가 공기 중의 산소분자와 결합하여 생긴 것이 오존이다.

여러분은 자외선에 관하여 알고 있을 것이다. 태양광선을 프리즘으로 분해하면 일곱 가지 색, 즉 빨강·주황·노랑·초록·청·남·보라색의 스펙트럼으로 갈라지는 것을 볼 수 있다. 빛은 과

학적으로 말할 때 일종의 파동(波)으로 생각하는데, 빛의 파동
은 물의 파동과는 달라서 파(물결)의 마루와 마루 사이의 거리
[파장]가 대단히 짧아서 1밀리미터(㎜)의 1000분의 1인 미크론
(μ), 미크론의 1,000분의 1, 즉 밀리미크론(mμ)이라는 단위로
잴 때 800밀리미크론에서 400밀리미크론 정도의 것이다. 태양
빛의 빨간 색광의 파장은 700~800밀리미크론 정도이고 태양
빛의 보라 색광의 파장은 400밀리미크론이므로 위에서 말한
일곱 가지 색광이 이 사이에 배열되어 있다. 우리들의 눈에 보
이는 색광은 빨간 색광에서 보라 색광에만 이르지만, 사실은
우리 눈에는 보이지 않는 보라색 말고도 일종의 빛이 있는데
이것이 보라색 밖에 있으므로 자외선(紫外線)이라고 부른다.

우리 눈으로 볼 수 없는 자외선이 있다는 것은 여러 가지 사
실로 증명된다. 예를 들면 자외선은 사진 건판에도 감광(感光)
된다. 즉 암실의 붉은빛에는 자외선이 없으므로 붉은 빛 아래
에서는 우리가 흔히 사용하는 흑백 사진 필름을 아무리 풀어
놓아도 그 필름을 망치는 일은 없다. 그래서 사진 현상 작업은
붉은 빛 아래에서 하는 것이다. 또 염소가스(Cl_2)와 수소가스
(H_2)는 붉은빛 아래에서는 아무리 혼합하여도 안전하지만 두
기체 혼합물에 강렬한 자외선을 쬐면, 그 순간 두 기체가 폭발
하면서 염화수소(HCl)가 만들어진다.

한편 자외선은 우리 몸에도 여러 가지 작용을 한다. 우선 우
리가 강렬한 햇빛을 받으면 살갗이 검게 타는 일이 생기는 것
도 이 자외선의 작용 때문이다. 만일 우리가 태양등이나 아크
등에 쬐인다면 햇볕에 쬐였을 때보다 훨씬 짧은 시간에 훨씬
살갗이 호되게 탈 것이고 눈도 더 많이 붉어질 것이다. 자외선

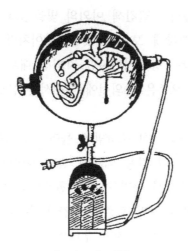

〈그림 32〉 태양등

이 우리 몸에 대하여 이토록 강한 작용을 일으키는 원인은 자외선이 보통의 빛보다 큰 에너지를 지니고 있기 때문이다.

그러나 유리를 통한 햇빛이나 촉광이 높은 전등 빛은 오래 쬐도 살갗이 검게 타는 일은 일어나지 않는다. 이는 햇빛이 유리를 통과할 때 유리에 자외선이 흡수되기 때문이다. 또 보통의 촉광이 높은 전등 빛에는 자외선이 들어있지 않기 때문이다.

그런데 이렇게 큰 에너지를 가지고 있는 자외선은 산소 분자를 두 개의 산소 원자로 분리하기에 충분하다. 자외선에 의하여 분리된 산소 원자는 다른 산소 분자와 결합하여 오존을 만든다. 오존은 산소 분자보다 한 개의 산소 원자를 더 가지고 있기 때문에 강한 산화력을 가지게 되어 세균을 파괴할 만큼의 큰 힘(에너지)을 가지고 있다.

또 오존은 자외선을 잘 흡수하는 성질을 가지고 있다. 예를 들면 빨간색의 유리는 빨간색 이외의 빛을 통과시키지 않고 흡수하기 때문에 빨갛게 보이는 것인데, 이처럼 오존은 우리의 눈에 보이는 색광은 통과시키지만 자외선 대부분을 흡수해버린다. 다시 말하면 오존은 자외선에 대해서는 불투명한 기체라고 말할 수 있다.

오존은 대기 중에 극히 소량밖에 들어있지 않다. 이것은 햇빛에 들어있는 자외선의 작용 때문에 생긴 것이다. 그러나 이 오존의 양은 극히 적어서 공기 전체의 천만분의 일에도 못 미치는 양으로 냄새로 공기 중의 오존을 분간할 수 없다. 그러나 이렇게 극소량에 불과한 오존이지만 우리의 일상생활에 크나큰 영향을 미치고 있다는 것은 참으로 재미있는 일이다. 다시 말하면 대기 중의 오존의 양이 현재보다 훨씬 적어지거나 많아진다면 우리의 일상생활, 아니 이 지구상에는 큰 이변이 일어날 것이다.

햇빛은 이 지구에 가까워졌을 때만 해도 대단히 강렬한 자외선을 가지고 있으나 지구의 대기층을 통과하는 동안에 오존층에 흡수되어 점차 약해져서 지구표면에 도달할 때에는 극히 일부분만 남아 있게 된다. 이 소량의 자외선은 우리 몸을 건강하게 보존·유지하는 데는 약하지도 않고 강하지도 않은 적절한 양이다. 만일 공기 중에 있는 이 극소량의 오존이 급작스럽게 없어졌다고 하면 햇빛의 자외선은 너무나 강렬해져서 우리는 조금만 햇볕에 쬐여도 살갗이 큰 화상을 입고 눈은 시뻘겋게 되어 시력을 잃을 것이다. 실제로 이렇게 강렬한 햇빛의 자외선이 그대로 지구 표면에 와 닿는다면 동물도, 식물도 그 구성체인 세포가 파괴되어 살아남을 수 없으리라고 추정한다. 그러므로 오존에 의하여 적당히 약해진 햇빛의 자외선은 우리들의 건강을 유지해 나가는 데 없어서는 안 되는 귀중한 물질이다. 겨울철이 되면 눈(雪)으로 온 천지가 두껍게 뒤덮이는 북쪽 나라에서는 햇빛이 집안에 들지 않으므로 결핵 환자가 많고, 또 척추 장애인이 되는 구루병에 걸리는 사람이 많은 것이다. 자외선은 우리에게 결핵에 대한 저항력을 갖게 하며 또 자외선은 살균력도 강하므로 여러 가지 세균을 비교적 짧은 시간 내에 죽일 수 있다.

구루병은 비타민 D의 부족으로 생기는 병인데, 햇볕의 자외선에 쬐면 몸 안에 비타민D가 자연스럽게 만들어지게 됨으로써 구루병에 걸리지 않게 된다. 이와 같은 이유로 해서 우리는 항상 햇빛을 적당한 시간 동안 쬐어야 한다. 옛날부터 '햇빛이 잘 드는 집에는 의사가 필요 없다'는 말이 전해지는데 이 말도 햇빛의 자외선이 우리들의 몸을 건강하게 유지·보존하는 데 얼마나 중요한 역할을 하는지 잘 말해주고 있다.

자외선은 앞에서도 말했듯이 유리에는 불투명(통과하지 못함)하므로 유리를 통과해 온 햇빛으로 일광욕을 해도 아무런 햇빛 효과를 얻을 수 없다. 또 햇빛의 자외선은 대기 중의 오존이나 미세한 먼지에 의해 차단되므로 고도가 낮은 곳에서는 약하지만 높은 산 위에서는 훨씬 세어진다. 흔히 해변이나 푸른 숲속에는 오존이 많이 있다고 말하는데 이것은 아직 실험으로 확인된 바는 없다. 오존은 공기 중에 극히 소량밖에 들어있지 않으므로 우리의 몸에 직접적으로 큰 영향을 미치고 있다고는 생각되지 않지만, 자외선과 작용함으로써 우리들의 일상생활에 크나큰 역할을 하고 있다고 생각하는 것이 옳을 것이다. 이에 관해서는 뒤에서 다시 알아보는 기회가 있을 것이다.

94

32. 이산화탄소—생명의 근원

이산화탄소(탄산가스)가 18세기 중엽부터 연구되고 있었다는 것은 제10장의 '굳는 공기'를 공부할 때 자세히 설명한 바 있다. 이산화탄소는 공기 중에 불과 0.03%밖에 들어있지 않았지만, 공기 중에 들어있다는 사실이 산소나 질소보다도 일찍이 실험으로 확인되었다는 것도 앞에서 설명한 바 있다.

여기에서는 공기 중에 들어있는 이 적은 양의 이산화탄소가 일상생활과 어떠한 관계를 맺고 있는지 살펴보기로 하자. 여러분은 이미 이산화탄소는 우리가 일상적으로 내쉬는 입김 속에 들어있으며 호흡에는 쓸모없는 것임을 알고 있을 것이다.

오랫동안 방문을 꼭 닫고 많은 사람이 좁은 방에 있으면 방안의 공기는 점점 나빠져서 마침내 머리가 아픈 것을 경험한다. 이는 방 안의 공기 중 산소량이 감소하는 대신 이산화탄소의 양이 증가한 탓이다. 이산화탄소는 그 자체가 별다른 독을 가진 물질은 아니지만, 공기 중의 이산화탄소의 양이 정상적인 공기에서보다 많아지고 그 대신 산소의 양이 감소하면 우리 몸 안에서 생긴 이산화탄소를 몸 밖으로 내뿜기가 어려워지기 때문에 기분이 나빠지는 것이다.

그렇다면 공기 중의 이산화탄소는 우리에게 아무 소용없는 무용지물일까? 천만에! 당치도 않은 말이다. 우리는 오히려 공기 중의 이산화탄소의 덕분으로 살아가고 있는 것이라고 말해도 어색하지 않다. 무슨 근거에서 이런 말을 할 수 있는지 더 들어 살펴보자.

여러분은 식물이 한 톨의 씨로부터 저토록 크게 자라는 것을 보고 신기하다고 생각해 본 일은 없는가? 이 식물체는 어떻게 성장해 가는 것일까? 사실은 식물이 성장한다는 것 자체는 공기 중의 이산화탄소가 변해 가는 과정, 또는 그 변화의 결과 그 자체로 볼 수가 있다. 식물의 잎 안에는 우리에게 아직 알려지지 않은 비밀이 많이 숨겨져 있다. 식물은 공기 중에서 이산화탄소를 빨아들이고, 뿌리에서 빨아올린 물을 가지고 햇빛의 힘을 빌려 결합해 당분이나 녹말(전분)을 만드는 신비한 일을 하고 있다. 다시 말하면 녹색 잎은 이산화탄소와 물을 햇빛의 힘을 빌려 결합한다. 이 물과 이산화탄소의 결합을 원활하게 이루어내는 것은 잎 속에 들어있는 녹색의 엽록소(葉綠素) 작용이다. 이산화탄소는 CO_2로, 물은 H_2O로 표기되는데, 식물체 안에서 이 두 물질이 당분(糖分)이나 녹말로 만들어질 때 산소가 발생해 공기 중에 방출되는 것이다. 이 과정이 식물체의 탄소 동화 작용(또는 광합성)이다. 식물의 탄소 동화 작용 과정은 호흡 작용과는 정반대로 이산화탄소를 빨아들이고 산소를 방출한다. 이처럼 식물은 한편으로는 호흡도 하지만 탄소 동화 작용에 의해 공기 중의 탄산가스를 사용하여 성장한다.

목재를 이루고 있는 섬유소, 감자의 녹말, 맛이 단 사탕, 씨의 기름 등 모든 것은 결국 공기 중의 이산화탄소가 변화하여 만들어진 것들이다. 우리는 식물이 만들어 낸 탄수화물(炭水貨物: 녹말, 당분 등)이나 기름 종류[지방]를 먹고 살며 각자 몸의 영양분으로 삼고 있다. 다시 말하면 우리는 공기 중의 이산화탄소 덕택으로 살아간다고 말할 수가 있다.

우리는 식물에서 얻은 녹말, 당분이나 지방을 몸 안에서 분해하는데 그 일부분은 산소와 결합한다. 이때 생기는 이산화탄소는 공기 중에 방출하고 그때 발생하는 열(산화열·연소열)은 체온을 유지하거나 일하는 데 쓰고 있다. 또 일부분은 동물체의 근육 조직이 만들어지기도 하고 지방이나 글리코겐(동물성 당분)으로 변하여 몸에 저장되기도 한다.

이산화탄소와 물 그리고 햇빛으로부터 복잡한 탄수화물을 만들어내는 식물의 기능이 여러분은 참으로 신기하다고 생각하지 않는가? 만일 식물이 해내는 탄소 동화 작용을 우리가 실험적으로 할 수 있다면 얼마나 재미있을까? 다시 말하면 소다수(물과 이산화탄소)를 햇볕에 쫴서 맛있는 설탕을 만들 수만 있다면 얼마나 훌륭하고 신나는 실험일까? 그러나 우리에게는 아직도 식물체 안에서 자연스럽게 이루어지고 있는 위대한 실험에 대해서는 정확한 지식을 조금밖에 갖고 있지 못한 것이 사실이다. 여러분 중에서 식물체 안에서 일어나고 있는 이 신기한 화학 반응의 비밀을 밝힐 사람이 나올 수는 없을까? 우리가 식물에 의지하지 않고 화학 공장에서 자유자재로 설탕이나 녹말을 만들 수 있게 된다면 인간은 비로소 식량 부족, 굶주림에서 벗어날 수 있을 것이다. 이와 같은 일을 해낼 화학자를 꿈꾸어 보는 것도 즐거운 일임이 틀림없다.

33. 유기 화합물이란 무엇인가

앞에서 우리는 식물이나 동물의 몸은 원래 공기 중에 들어있는 이산화탄소로부터 만들어진 복잡한 탄소의 결합체(화합물)라는 것을 알았다. 탄소의 화합물은 수만, 수십만 가지라고 말할 만큼 그 가지 수가 많다. 그래서 우리는 일반적으로 탄소 화합물을 유기화합물(有機化合物)이라 부르고 있다. 반면 탄소 화합물이 아닌 것은 무기 화합물(無機化合物)이라 부른다. 또 탄소 화합물 중에서 이산화탄소나 일산화탄소, 탄산나트륨, 탄산수소나트륨(중탄산나트륨: 중조)과 같은 단순한 물질들은 애초의 습관에 따라 무기 화합물에 포함하고 있다.

옛날에는 유기 화합물이 식물이나 동물의 몸 안에서만 만들어지는 것이므로 사람의 힘으로는 만들 수 없는 것이라고 여겨 왔었다. 다시 말하면 생물체가 하는 일(기능)은 너무나도 신기한 것이 많았으므로 생물체 안에는 어떤 '생명력'이 작용하고 있고 그 생명력은 신이나 조물주가 아니고서는 부여할 수 없는 것으로 생각하고 있었다.

그런데 1828년에 뵐러(Friedrich Wöhler, 1800~1882, 그림 33)라고 하는 독일 화학자는 그때까지 생물체 안에서만 만들어진다고 여기던 요소(尿素: 오줌 안에 들어있는 성분 물질)를 처음으로 완전한 무기 화합물을 가지고 만들어냈다. 이렇게 하여 유기 화합물과 무기 화합물을 가로막고 있던 관념의 장벽은 흔들리기 시작했다. 다시 말하면 실험실 안의 플라스크나 시험관 안에서도 유기 화합물을 만들어 낼 수 있다는 것이 알려졌다. 이렇게 하여 현재는 수만 가지의 유기 화합물이 실험실에서 만들어지고 있다. 그렇다고 해서 생물체를 이루고 있는 모든 물질이 실험실에서 만들어진다는 말은 물론 아니다. 특히 유기 화합물 중에서도 그 분자 구조가 대단히 복잡한 단백질(흰자질) 종류의 대부분은 아직도 과학자의 기술로 만들 수 없다. 그러나 우리는 이것들도 언젠가는 과학자의 손으로 실험실

98

〈그림 33〉 뵐러

에서 만들어 낼 것이라고 확신한다.

자연계에는 참으로 기묘하고 신기한 일이 수없이 많이 있다. 이와 같은 불가사의한 일을 참으로 신기한 것이라고 치부해 놓은 채 그것을 적극적으로 해명하려고 덤벼들지 않고 '그것은 조물주의 힘에 따른 거야'라든지 '어떤 초인간적인 자연의 힘에 기인하는 것'으로 돌리려는 사람들이 많이 있다. 그러나 자연에서 일어나는 신기한 일에 대하여 참다운 호기심에 불타오르는 것은 과학자들이며, 또 그 신기함을 궁극적으로 추구하여 우리가 이해할 수 있게 될 때까지 연구하여 가르쳐주는 것도 과학자라는 것을 여기에서 우리는 다시 한 번 확인할 수가 있다.

34. 숯불의 파란 불꽃

우리는 앞에서 이산화탄소에 관하여 자세히 알아본 바 있다. 그런데 이산화탄소에는 동생이 하나 있다. 그것은 이산화탄소보다 산소 원자를 하나 덜 가진 일산화탄소라고 하는 것이다. 따라서 이 물질은 화학식으로는 이산화탄소를 CO_2로 표기하는 데 대하여 CO로 표기한다.

일산화탄소라고 하면 웬일인지 우리들과는 인연을 멀리할 수밖에 없는 물질이지만 실제로 우리의 일상생활과는 대단히 가까운 곳에 있는 물질이다. 우선 여러분은 숯불을 피울 때 숯불이 완전히 피워지기 전에, 또는 연탄불이 완전히 시뻘겋게 타오르기 전에 파란 불꽃이 일어나는 것을 본 일이 있을 것이다. 이 파란 불꽃은 일산화탄소가 타고 있는 것이다. 즉 일산화탄소는 탈 때 파란 불꽃을 낸다. 숯은 탈 때 산소가 충분히 공급되면 완전히 산화(산소와 결합하는 일)되어 CO_2로 되지만 공기의 공급이 불충분할 때는 CO까지밖에 산화되지 않는다. 이 CO는 공기 중의 산소와 결합하여 결국 이산화탄소로 변한다.

이산화탄소는 더 산소와 결합할 수가 없으므로 타는 일이 없지만, 일산화탄소는 산소와 결합할 수 있으므로 푸른 불꽃을 내면서 잘 탄다. 또 이산화탄소는 앞에서 설명한 바와 같이 대체로 독성을 가졌다고 말하기는 어렵지만 이와 반대로 일산화탄소는 우리에게 강한 독성을 발휘하는 기체 중의 하나이다. 일반적으로 나무나 연탄, 그리고 숯이 탈 때는 이산화탄소와 함께 일산화탄소가 조금 발생한다. 이 일산화탄소를 숨을 통하여 들이마시면 이것이 혈액 중의 헤모글로빈이라고 하는 붉은 색소와 결합하여 혈액의 산소 교환 기능을 망쳐버린다. 이 결과로 급작스럽게 머리가 아파진다든지 구토를 일으키게 만든다. 그러므로 숯불을 피울 때는 방안의 환기를 자주 해줘야 하고, 연탄불로 난방을 할 때는 일산화탄소가 방 안에 생기지 못하도록 설비를 철저히 해야 한다.

100

35. 공기 중의 혼합물

염산이 들어있는 병을 방 안에 오래 놓아두면 그 근처에 암모니아가 들어있는 병이 놓여있지 않는데도 염산 병의 주둥이에 염화암모늄의 흰 가루가 달라붙는 사실은 18세기 이전부터 알려져 있던 일이다. 이로써 공기 중에는 극소량이기는 해도 암모니아가 들어있을 거라고 추정했다.

이 대기 중의 암모니아는 화학 공장이나 인위적으로 만들어져 배출되는 것을 제외하더라도 자연적으로 지구의 표면—논, 밭, 들, 산 등에서 발생하는 것으로써 지표면 가까운 곳에서는 여러 가지의 생물체가 부패되거나 박테리아의 작용으로 암모니아가 생겨난다. 옛날에는 큰 도시에 내리는 빗물에 암모니아가 많이 들어있고, 장마철과 같이 지표면에 물기가 많고 기온이 높을 때일수록 빗물에 암모니아가 많이 들어있는 것은 공기 중의 암모니아의 양이 많아진 데 기인하며, 그 암모니아가 생겨난 원인은 다름 아닌 지표면에서의 생물체의 부패에 의한 증거라고 인정했다. 또 겨울에는 박테리아의 작용이 약화되기 때문에 공기 중의 암모니아양도 줄어든다고 해석하곤 했다.

공기 중에는 암모니아(NH_3) 외에도 아질산(亞窒酸: HNO_2), 질산(窒酸: HNO_3) 등의 질소 화합물도 소량 들어있다. 이와 같은 물질은 비에 녹아 다시 땅에 스며들어 식물에게 자연적 양분이 되는 것이다.

공기 중에는 아황산가스(SO_2)나 황산(H_2SO_4)이 들어있는 수도 있다. 겨울에 석탄 난로를 피울 때 기침이 나며 좋지 않은 냄새가 나는 연기를 경험한 일이 있을 것이다. 이 연기에는 석탄에 들어있던 유황(S)이 타서 생긴 아황산가스가 들어있기 때문이다. 특히 겨울철 많은 가정에서 사용한 연탄은 석탄가루를 틀에 넣어 찍어 낸 것이므로 연탄불 위에 덮는 쇠뚜껑이 아황산가스 때문에 쉽사리 녹슬어 망가지는 것을 본 사람도 있을 것이다. 대도시일수록 석탄을 많이 태우므로 도시의 공기에는 그만큼 더 많은 아황산가스가 들어있을 것이다. 이 아황산가스는 공기 중에서 더욱 산화되어 그 일부분은 황산(H_2SO_4)으로까지 산화된다. 이렇게 생각하면 큰 도시의 빗물은 시골의 비와는 달리 얼마간 산성으로 기울게 될 가능성이 커진다.

이와 같은 물질들은 시기와 장소에 따라 공기 중에 들어있는 분량이 다를 것이므로 공기 중의 혼합물(불순물)이라고 불러도 좋은 것이다. 그러나 실제로 어떠한 곳의 공기라 하더라도 혼합물 또는 불순물이 들어있지 않은 공기는 있을 수 없다. 이것은 마치 자연의 물(自然水)에는 증류수와 같은 순수한 물이 없다는 사실과 흡사하다. 이들 공기 중의 혼합물, 불순물은 대단히 적은 분량이어서 공기의 부피나 무게의 1백만 분의 1의 양을 단위로 재고 있을 만큼에 지나지 않지만, 황산이나 아질산 같은 것은 대단히 작은 알갱이로 공기 중에 떠다니며, 이것은 흔히 겨울철 같을 때 공기 중의 수분을 흡수하여 시가지를 안개로 뒤덮는 원인이 되는 수도 있다. 런던의 유명한 안개도 황산의 알갱이나 미세한 매진(煤塵: 묵은 그을음)이 그 원인이라고 알려져 있다. 또 빗물에 녹아서 식물의 자연적 양분의 역할을 하는 암모니아의 양도 1년간 100㎡마다 100g을 넘는다는 추산을 보면 허술하게 여길 일이 결코 아니다.

대기 중에는 이 밖에 먼지와 같은 혼합물, 불순물도 들어있

다. 먼지 또한 대도시일수록 많고 대체로 공기 1㎤ 안에 10,
000개가 들어있다고 알려져 있다. 이처럼 공중에 떠 있는 먼지
는 태양 광선을 약하게 하는 원인이 되며 또 대도시에 사는 사
람들은 1년 내내 깨끗하지 못한 공기를 호흡하기 때문에 결국
도시민의 건강을 해치게 된다. 먼지 속에는 박테리아나 이보다
훨씬 작은 병원균(바이러스)들이 들어있는 수도 있어서 여러 가
지 병을 퍼뜨리기도 한다.

먼지는 지표면에서 일어나기 마련인데, 황사풍이 몽골·중국
등지에서 대규모로 밀어닥칠 때는 중국과 서해를 건너서 우리
나라 거의 전 지역에 날아와 늦은 봄철의 황사 현상을 유발하
기도 하는 것이다.

또 공기 중의 먼지는 화산의 큰 폭발로 인하여 화산재가 하
늘 높이 올라가서 성층권 가까이에 떠 있으면서 지구 위를 표
류하는 수도 있다는 것이 알려져 있다. 이럴 때는 화산재로 인
하여 태양 광선이 차단되고 그 결과, 지구상 공기의 온도를 낮
게 만듦으로써 지구상의 농작물에 냉해를 일으키는 수 있다는
것이 알려졌다. 이 같은 미세한 화산재가 높은 하늘을 뒤덮고
있을 때는 그 어느 때보다도 아름다운 저녁노을 현상이 일어나
기도 한다.

36. 공기에도 색이 있다

여러분은 공기의 색이 무색투명(無色透明)의 대명사와 같은
것이라면 좀 이상하게 생각할 것이다. 그러나 여러분은 공기의

색에 대해서는 이미 잘 알고 있을 것이다. 공기의 색이란 푸른 하늘의 색을 말한다.

먼저 물건의 색이란 대체 무엇인지 생각해 보자. 예를 들면 빨간 잉크는 빨갛게 보인다. 이는 빨간 잉크가 태양의 빛(햇빛: 스펙트럼의 일곱 가지 색광) 중에서 빨간색만 통과시키고 다른 색의 빛은 흡수하기 때문에 빨갛게 보이는 것이다. 또 빨간 장미꽃은 햇빛의 일곱 가지 빛(색광) 중 빨간빛만 반사하고 그 밖의 대부분 색광은 흡수하므로 빨갛게 보인다. 이처럼 지구상에 있는 물질의 색은 그 물질이 어떤 색의 빛을 투과(透過: 통과) 또는 반사하고 어떤 색의 빛을 흡수하는지에 따라 결정되는 것이다.

공기의 분자는 어느 색의 빛도 흡수하지 않고 통과시키므로 색도 없고 투명한 것이다. 그런데 공기를 이루고 있는 분자는 대단히 적지만 햇빛을 반사하는 성질을 가지고 있다. 공기 분자의 이와 같은 성질로 인하여 햇빛은 산란(散亂)하며, 이 공기 분자에 의한 햇빛의 산란으로 공기에도 색이 있는 것처럼 보이는 것이다.

여러분은 아침 햇살이 창문 틈 사이로 스며들 때 그 햇살이 줄기를 이루고, 그 빛의 줄기 안에 무수히 반짝이는 것을 본 일이 있을 것이다. 이때 문틈 사이로 스며드는 빛의 줄기 안에서 반짝이고 있는 것은 방 안의 공기 중에 떠 있는 아주 작은 먼지들이다. 먼지는 공기 중에 많이 들어있으나 어두운 곳의 공기에 밖에서부터 가는 틈 사이로 빛을 쬐일 때 비로소 그 먼지들은 눈에 보이는 것이다. 즉 반짝이는 먼지 하나하나는 제각기 햇빛이 산란하고 있기에 우리들의 눈에는 마치 각 먼지 알갱이들이 빛을 내는 것같이 보임으로써 보통 때는 보이지 않던 먼지가 크게 보이는 것이다. 이 빛의 산란 현상에 대해서는 잉글랜드의 물리학자 틴들이 연구했으므로 틴들 현상이라고 부르기도 한다.

틴들(Tyndall, 1820~1893)은 알프스 산맥의 빙하에 흥미를 느끼고 빙하에 관하여 여러 가지를 자세히 연구한 사람으로도 알려져 있다. 틴들은 또 뛰어난 문장가이기도 해서 그가 알프스 산맥에 올랐을 때의 기행문 『Hours of Excercise in the Alps』는 대단히 재미있는 여행기로서 지금까지도 세계적으로 애독되고 있다.

앞에서 희유기체의 발견에 관해 이야기할 때에도 이름이 나왔지만, 잉글랜드의 레일리 경은 빛의 산란은 먼지뿐 아니라 이보다 훨씬 작은 분자들에서도 일어날 것으로 가정하여 이것을 이론적으로 밝힌 일도 있다. 레일리 경이 연구한 바에 따르면 분자에 의한 빛의 산란은 파장이 짧은 빛일수록 잘 일으킨다. 따라서 햇빛 중에서도 빨간색의 빛은 그 파장이 길기 때문에 산란을 일으키지 않지만, 청색이나 보라색의 빛은 파장이 짧기 때문에 산란을 훨씬 잘 일으킨다. 자외선은 햇빛 중에서 제일 파장이 짧으므로 빛의 산란을 한층 더 현저하게 일으키게 된다.

이와 같은 이유로 태양에서 지구를 향하여 온 빛은 공기 분자에 닿으면 청색이나 보라색의 빛 부분에서 월등하게 산란하여 사방팔방으로 흩어지므로 높은 하늘 전면이 푸른색으로 보이는 것이다. 다시 말하면 하늘이 푸른색으로 보이는 까닭은 레일리 경이 빛의 산란 현상을 연구함으로써 비로소 밝혀진 것이다. 자외선은 청색이나 보라색의 빛보다도 한층 더 빛의 산란이 현저하므로 땅 위에 서 있는 우리들의 측면에서 보면 마치 하늘 전면으로부터 보라색 빛이 쏟아지고 있는 셈이고 그래서 하늘 전체는 푸른 보라색으로 우리 눈에 보이는 것이다. 레일리 경이 추정한 분자에 의한 빛의 산란은 공기 분자뿐 아니라 어떠한 분자에 의해서도 일어날 것이므로 이를테면 물이나 빙하 등이 푸르게 보이는 것도 물 분자에 의한 햇빛의 산란에 연유한다고 말할 수 있다.

그런데 먼지와 같이 작은 입자에 의해서든 또는 분자에 의해서든 일반적으로 빛의 산란이 일어나기 어려운 것은 파장이 긴 빨간색의 빛이므로 하늘에 미세한 먼지 같은 것이 많이 떠 있을 때는 태양이 빨갛게 보인다. 이는 햇빛이 먼지가 많은 공기층을 통과하는 동안 빨간빛만 남고 다른 빛은 산란하기 때문이다. 가끔 우리가 볼 수 있는 아름다운 저녁노을이나 아침노을은 이로 인하여 생기는 것이다.

공기 분자에 의한 빛의 산란 결과로 우리들의 눈에 보이는 순수한 하늘의 색은 짙은 남색인데, 이러한 하늘의 색은 맑게 갠 날 높은 산 위에서 태양을 등지고 하늘을 올려다볼 때 볼 수 있다. 우리가 지표면에서 하늘을 볼 때 공기 중에는 공기를 이루는 기체 분자들 외에 작은 먼지나 물방울들이 떠 있다. 이것의 영향으로 공기 분자에만 의할 때보다 더 파장이 긴 빛까지 산란하므로 때에 따라서는 밝은 청색에서부터 회색까지 여러 가지로 하늘의 색이 변하는 것을 볼 수 있다.

37. 공기는 액체로 변할 수 있다

우리는 이제까지 공기라고 하면 으레 기체려니 하고 생각해왔다. 여러분 중에는 이 공기가 액체로도 변화된다면, 즉 액체 공기도 있다면 놀라는 사람이 있을 것이다. 우리는 유리컵에 물을 부어 양지바른 곳에 놓아두면 알지 못하는 사이에 그 물이 매일 조금씩 줄어들어 며칠 후에는 그 줄어든 양을 확실하게 감지할 수 있다. 또 끓고 있는 주전자의 물도 끓는 시간이 오래되면 오랠 될수록 더 많이 줄어든다. 이것은 이제까지 액체의 물을 이루고 있는 분자들이 눈에 보이지 않는 수증기로 변하여 공기 중으로 날아가서 대기의 일부분이 되기 때문이다. 다시 말하면 액체가 기체로 변하는 것이다. 이와 반대로 이를테면 컵에 얼음 덩어리를 많이 넣은 다음 따뜻한 곳의 책상 위에 놓아두면 컵의 바깥벽에 물방울이 생긴다. 이때 컵 안에 있는 물이 유리컵 벽에서 스며 나온 것이 아니라는 사실은 더 설명이 필요 없는 일이다. 이것은 공기 중에 들어있던 기체의 물(수증기)이 컵의 바깥벽에 닿아 냉각되어 다시 액체의 물로 변한 것이다.

이처럼 한 물질이 쉽사리 기체로 되기도 하고 액체로 되기도 하고 또는 고체로 변하기도 한다는 것을 벌써 잘 알고 있을 것이다. 우리는 이것을 물질의 세 가지 형태라고 부른다.

일반적으로 기체를 액체로 만들려면 우선 기체를 냉각시킨다. 그래도 액체가 되지 않으면 냉각시킨 데 더하여 그 기체를 큰 힘으로 압축시키면 된다. 이를테면 이산화탄소는 냉각시키면서 73기압 이상의 압력으로 압축하면 쉽게 액체로 변한다(액

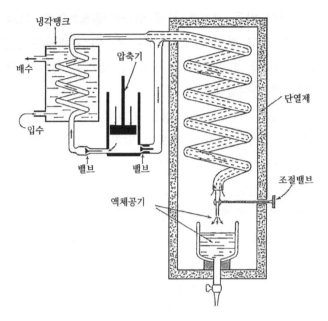

냉각탱크

배수

압축기

단열제

입수

밸브 밸브

액체공기

조절밸브

〈그림 34〉 공기의 액화 과정

체 상태의 이산화탄소). 또 암모니아는 일상적으로 기체이지만 냉각시키면서 115기압 이상의 압력으로 압축시키면 액체의 암모니아(액체 상태의 암모니아)로 변한다.

액체의 공기를 만든다는 말은 공기는 산소와 질소의 혼합물이므로 액체의 산소와 액체의 질소를 만든다는 말과 같다. 그런데 액체 공기에 대한 연구 초기에 공기를 얼음으로 냉각시킨다든지 얼음과 소금을 약 3:1의 비율로 섞어 만든 한제(寒劑: 냉각제)로 냉각시켜서는 아무리 큰 압력으로 공기를 압축시켜도 액체 공기로 되지 않았다. 공기뿐 아니라 수소나 헬륨과 같은 기체도 산소나 질소와 마찬가지로 얼음이나 간단한 냉각제로 냉각시켜서는 아무리 큰 압력으로도 액체로 변화시킬 수가 없었다. 그래서 이들 기체를 한때 영구기체(永久氣體: 액화시킬 수 없는 기체)라고 부른 일도 있었다. 즉 이 기체들은 항상 기체 상태로 존재할 뿐 액체로는 만들 수 없다는 뜻에서 영구기체라는 이름이 붙여졌다.

그런데 기체에 관한 연구가 점점 진보함에 따라 기체를 액체로 만드는 구체적인 조건과 방법이 밝혀지기 시작했다. 그 결과 액체로 만들기 쉬웠던 이산화탄소나 암모니아와 같은 기체에서도 어떤 한정된 온도 이상으로 올려놓은 다음에는 아무리 세게 압축하여도 액체로 변하지 않는다는 것을 알게 되었다. 이 한정된 온도는 기체의 종류에 따라 다른데, 이산화탄소는 31℃ 이상에서 액화되지 않고 암모니아는 130℃ 이상에서 액화되지 않는다. 그래서 공기를 아무리 세게 압축시켜도 액화되지 않는 것은 결국 공기가 충분히 냉각되지 않았기 때문이라는 것을 알게 되었다.

공기를 충분히 냉각시키는 방법은 무엇일까? 일상적으로 우리가 알고 있는 것 중에서 가장 차가운 것은 드라이아이스(고체 상태의 이산화탄소)인데 이것의 온도는 -65℃ 정도이다. 공기를 이 드라이아이스로 냉각시켜서 압축해 보아도 공기의 액화는 어림도 없는 일이다. 그런데 공기에 대한 연구를 계속하는 동안에 대단히 놀라운 사실이 발견되었다. 공기를 세게 압축한 다음 작은 구멍으로 압축 공기를 분출케 하여 팽창시키면 공기 온도가 급히 내려간다는 것을 과학자들은 알아냈다. 이 방법을 이용하여 공기를 압축시키고, 아주 좁은 구멍으로 분출시켜 팽창시키는 과정을 몇 번 되풀이함으로써 마침내 공기는 -140℃ 이하로 낮출 수가 있었다. 이처럼 차가운 공기를 압축하였더니 공기는 비로소 액체로 변했다(그림 34. 공기의 액화 과정 참조).

액체공기는 -190℃나 되는 낮은 온도이고, 대개의 생물은 이 액체 공기에 닿자마자 얼어붙고 만다. 이를테면 빨간색 장미 꽃잎을 액체 공기에 넣으면 마치 빨간색의 유리 조각같이 되며 이것을 내던지면 유리 조각처럼 부서지고 만다. 금붕어를 액체 공기에 넣으면 갑자기 바삭바삭하게 얼어버리지만, 다시 물속에 넣어 주면 무슨 일이 있었냐는 듯이 헤엄쳐 다니기 시작하는 것을 볼 수 있을 것이다.

공기가 질소와 산소의 화합물이 아니라는 증거로는, 액체 공기를 놓아두면 액체 상태의 질소가 먼저 증발해서 액체 공기 중에는 질소의 양이 감소하고 액체 산소의 양이 많아지는 사실을 들 수 있을 것이다. 앞에서 말했던 아르곤이나 네온 같은 것들도 공기를 액화하여 된 액체 공기에서 각 공기 성분의 증발하는 온도의 차이를 이용하여 공업적으로 분리해 냄으로써 많이 얻어 내고 있는 것이다. 과학자들은 이와 같은 방법을 활용하여 어떤 기체든지 액체로 만들고 난 다음에 고체로 만들 수도 있게끔 되었다. 이 중에서도 수소와 헬륨은 가장 액화시키기 힘든 기체로서 액체 수소는 -253℃, 액체 헬륨은 -267℃라는 상상하기 힘들 정도의 낮은 온도를 지니고 있다.

38. 대기 압력은 높이에 따라 변한다

공기의 성분 비율(조성)은 다음 장에서 설명하는 바와 같이

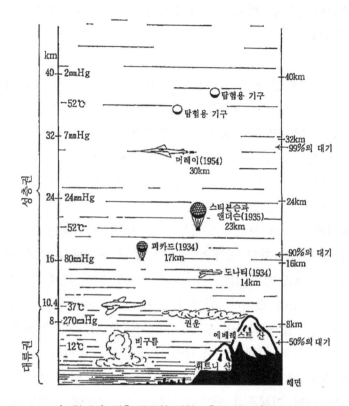

〈그림 35〉 기층 고도와 기압·온도 및 비행 고도

지상으로부터의 높이에 따라 거의 변동이 없고 수십 km까지의
높이에서는 거의 일정하다고 생각해도 좋다는 것이 알려졌다.
그러나 공기의 밀도는 그 높이가 높을수록 감소한다. 공기가
지구로부터 떨어져 나가지 않는 것은 지구의 인력으로 인하여
공기 분자, 즉 O_2, N_2, CO_2 등이 지구 밖으로 도망갈 수가
없기 때문이다. 그러나 기체들은 항상 운동하고 있으므로 그냥
놓아두어도 사방팔방으로 퍼져나가며 팽창하려는 성질을 지니

고 있다. 이 두 가지의 서로 반대의 힘이 균형이 잡히는 것과 똑같이 대기도 그 높이에 따라 공기의 밀도가 변하고 있다. 지표면에 가까운 곳에서는 공기 밀도가 가장 크고 지표면에서의 높이가 증가하면 공기의 밀도는 급작스럽게 감소한다. 따라서 지표면에서 얼마만큼 떨어져 있는 높이에서의 기압, 즉 $1m^2$의 면을 그 면 위에 쌓인 공기 전체의 무게로 누르고 있는 힘은 공기 중에서의 높이가 높아짐에 따라 크게 줄어드는 것이다(그림 35 참조).

공기가 있는 하늘 높이는 지상 수백 km로 추정되고 있지만, 실제로 불과 지상 3km를 조금 더 오르면 지상에서의 기압이 40%로 줄어든다는 사실은 대부분 공기가 지표면 가까운 곳에 모여 있음을 말해주는 것이다. 대기 압력은 대체로 지상으로부터 5,000m씩 높아짐에 따라 절반으로 감소한다. 이처럼 공기 중의 높이에 따라 공기 밀도가 급하게 줄어들기 때문에 사람이 하늘 높이 떠오른다는 것은 상당히 위험하고 곤란한 일로 여겨지고 있다. 비행기나 기구라 할지라도 공기가 있어야 넓은 하늘을 날 수 있고, 사람은 원래 지표면의 짙은 공기의 바다 속에서 사는 동물이므로 높은 하늘, 즉 공기가 희박한 하늘을 날기 위해서는 산소를 가지고 가지 않으면 살아남을 수 없다. 이제까지의 기록으로는 사람이 비행기를 타고 가장 높이 올라간다 해도 지상 30km 정도가 고작인 것 같다. 지구의 반지름 6,000km에 대해서 지상에서 2~3km는 거의 무시할 수 있는 수치(數値)이고, 지구 전체에 대한 20~30km는 방바닥에서 벼룩 한 마리가 뛰어 오른 높이에 비유한다면 지나친 허풍일까?

112

39. 공기의 성분 비율이 변하는 높이

앞에서 여러분은 게이뤼삭이 기구를 타고 공중 7,000m까지 올라가 그곳의 공기를 채집해 와서 그 성분을 분석한 결과, 이렇게 높은 곳의 공기도 지표면의 공기와 그 성분이 똑같음을 확인했다는 이야기를 읽었을 것이다. 그런데 그 후 많은 과학자는 도대체 지상에서 얼마나 높이 올라가야 이 공기의 성분이 지표면의 성분 비율과 다른지에 대한 연구를 계속했다. 어떤 사람은 진공으로 만든 유리병을 기구에 매달고 일정한 높이에 기구가 도달했을 때 자동으로 진공 병에 공기가 채워짐과 동시에 마개가 닫히게 하는 방식으로 지표면에서 20㎞ 이상 높이의 공기를 분석했다. 그런데도 지표면에서 20㎞나 되는 높은 곳의 공기 성분 비율은 지표면의 그것과 조금도 다를 바 없음을 확인했을 뿐이다. 미국과 소련에서는 큰 기구에 두세 명의 과학자를 싣고 올라가서 지상 20㎞ 근처의 공기를 채집해 이를 분석했다.

소련은 1932년에 U·S·S·R호(소비에트 사회주의 공화국 연방의 약호)를 날렸고 미국에서는 1934년에 익스플로러 1호를, 1935년에는 익스플로러 2호를 띄웠다. 그 후 소련의 기구는 지표면에서 21㎞ 높이까지 올라갔다가 불행히도 폭발하는 바람에 여기에 탑승했던 세 명의 과학자가 희생된 불상사도 일어났다. 이와 같은 값비싼 대가를 치른 연구의 결과로 오늘날 우리는 지표면에서 20㎞ 근처까지의 공기 성분 비율이 지표면과 별로 다를 바 없다는 것을 알게 된 것이다. 여기에서 우리는 한 가지 의문이 생긴다. 지표면에서 공중으로 올라가면 올라갈수록 공기 압력은 차츰 줄어드는데도 20㎞ 근처의 높이에서도 공기의 성분이 지표면과 다를 바 없는 까닭은 무엇일까?

우선 지표면에서 20㎞ 근처까지의 공기층에서는 공기의 상·하 층이 잘 섞이고 있는 것이다.

우리는 이 부분의 공기층을 대류권(對流圈)이라고 부른다. 이 공기층으로부터 10㎞ 이상 올라가면 공기의 상·하 운동이 줄어들어 위·아래 공기의 혼합은 잘 일어나지 않는다. 우리는 이 부분의 공기를 성층권(成層圈)이라고 부른다. 성층권에서는 위·아래 공기의 혼합이 잘 일어나지 않는다고는 말해도 공기의 성분이 변동되기 시작한 것은 지표면에서 40㎞ 이상의 높이라는 사실이 최근의 로켓을 이용한 관측에서 확인되었다.

산소와 질소의 무게를 결정하는 각 분자량의 비율은 산소 32에 대하여 질소의 분자량은 28이어서 그다지 큰 차이는 드러나지 않지만, 헬륨의 분자량(헬륨은 그 원자 하나가 분자를 이루므로 원자량이 곧 분자량이다)은 4여서 산소와 질소에 비교하여 훨씬 가벼우므로 지표면에서 40㎞ 이상의 높이에서는 헬륨의 양이 훨씬 많아지고 그 밖에 네온과 같은 기체의 함유량도 증가하고 있는 것이 확인되었다.

40. 대기의 온도

우리는 앞부분에서 화산이 폭발할 때 내뿜는 화산재가 하늘 높이 올라가서 오랫동안 공기층에 떠 있으면 햇빛을 차단하게 되어 그 결과로 지표면 가까운 공기 온도가 내려가서 농작물에 냉해를 일으키는 수도 있다는 것을 알았다. 냉해라는 것은 여름인 데도 날씨가 쾌청하지 않을 뿐만 아니라 기온이 낮아서 농작물의 성장이 나빠지고 그 결과로 식량난을 일으킨다.

우리는 흔히 공기의 온도를 기온(氣溫)이라고 하는데 일반적으로 우리가 잘못 알고 있는 것은 공기가 태양 볕을 직접 받아서 더워진다고 생각하는 일이다. 사실 공기는 햇볕을 직접 흡수하지 못하므로 공기가 햇볕을 직접 받아서 더워지는 것이 아니다. 그와는 달리 지표면이나 바다의 표면이 일단 태양열을 흡수한 다음 이 열을 조금씩 방출할 때 공기 중에 떠 있던 수증기가 이 열을 흡수한다. 이 열로 공기가 비로소 더워지는 것이다. 흔히 우리는 온도계를 바람이 잘 통하는 그늘진 곳에 놓아두면 온도계의 붉은 물기둥(또는 수은 기둥)의 눈금을 읽을 수 있는데 이때 우리가 읽는 온도계의 눈금은 그 공기의 온도라고 말해도 좋을 것이다. 그런데 이 온도계를 햇볕을 잘 받을 수 있는 곳에 갖다 놓으면 온도계의 빨간 물기둥은 점점 높이 올라가서 한여름이면 30℃ 이상을 가리킬 것이다. 이것은 온도계의 유리나 빨간 알코올(또는 수은)이 직접 태양열을 흡수하여 온도가 올라가는 것으로써 결코 공기의 온도를 가르쳐 주는 것이 아니다. 만일 공기가 직접 햇볕(태양열)으로 더워지는 것이라면 햇볕을 받는 낮 동안에는 엄청나게 온도가 오를 것이다. 또 해가 지면 급작스럽게 온도는 낮아져야 마땅하다. 만일 이 것이 사실이라면 우리는 대낮에는 여름옷을 밤에는 겨울옷으로 갈아입어야 할 것이다. 실제로 밤에는 얼마간 기온이 내려가는 것이 사실이지만 그 기온이 내려가는 것은 조금에 불과해서 보통 이른 새벽에나 선선함을 느낄 정도로 낮아진다. 이것은 땅

표면이나 바다 표면이 낮 동안에 흡수한 태양열을 밤에는 조금
씩 방출하여 계속 공기를 데우고 있기 때문이다.

이와 같은 이유로 지표면이 하늘 높이 떠 있는 많은 화산재
로 인하여 햇볕이 가려지면 흡수되는 태양열의 양은 감소하고
그만큼 공기를 또 덜 데우는 결과를 초래한다. 지구상의 냉해
는 이와 같은 일로 일어나게 되는 것이다. 결국, 우리는 이 지
구상 어디에서 큰 화산 폭발이 일어났다면 머지않아 어느 곳에
선가 냉해가 일어날 것을 예견할 수가 있다. 거대한 화산 폭발
이 일어났던 수년간 냉해가 있었던 과거 기록이 이와 같은 추
측을 가능케 한다.

게이뤼삭이 처음으로 기구를 타고 7,000m 상공을 올랐을 때
지표면은 27.5℃를 가리키는 무더운 여름날이었는데, 7,000m
상공의 온도는 -9.5℃로써 그 높이가 높아짐에 따라 기온은 점
점 내려가는 것을 처음으로 발견했다. 여러분도 여름철에 높은
산에 오르면 산꼭대기가 지표면보다 기온이 낮다는 것을 경험
한 일이 있을 것이다. 언뜻 생각하기에는 높은 산에 오르면 오
를수록 태양에 가까워지므로 오히려 그만큼 더워질 것 같다. 그
러나 실제로 기온이 지표로부터 100m 높아짐에 따라 게이뤼삭
의 관측 결과와 거의 일치된 0.5℃의 비율로 낮아진다.

높은 곳에 오를수록 온도가 낮아지는 커다란 원인 중 하나는
다음과 같이 설명할 수가 있다. 즉 높이가 높아질수록 공기의
압력은 낮고, 여기에 지표면에서 더워진 가벼운 공기가 높이
올라가면 올라갈수록 공기는 팽창하게 될 것이며, 그 공기의
팽창은 공기 자신의 온도를 더욱 낮게 만들 것이다. 또 공기가
더워지는 것은 지표면에서 방출되는 열 때문이고, 지표면의 높

116

이가 높아질수록 올라가는 도중에 그 열을 수증기 등에게 빼앗겨서 결국 지표면에서 가지고 있던 열은 위층에 이를수록 더욱 심한 비율로 잃게 되는 것이다.

41. 온실 효과

이산화탄소는 가시광선은 통과시키지만, 열작용이 강한 적외선은 흡수하고 다시 반사하는 성질을 가지고 있다. 이 결과 이른바 온실 효과를 초래한다. 즉 이산화탄소는 태양에서 방출되는 열을 지구의 대기 안에 가두어 놓는 역할을 하는 것으로 설명하기도 하고, 온실의 유리와 똑같은 역할을 하는 것으로 설명하기도 한다.

금성과 지구는 다음의 수치에서 볼 수 있듯이 여러모로 서로 비슷한 물리적 조건을 갖춘 이웃 행성이다.

행성	평균 지름	질량	평균밀도	표면 중력
금성	12,400km	0.83	0.94	0.90
지구	12,700km	1.00	1.00	1.00

그러나 지구는 물을 지니고 있으며 그 안에 생명을 가득 간직하고 있지만, 금성은 지구와는 달리 납덩이를 녹이는 450℃의 연옥(煉獄) 지대이다.

무엇이 지구와 금성 사이에 이토록 큰 차이를 만들어냈을까? 이 의문의 열쇠는 이산화탄소에 있다. 금성의 대기는 96%가 이산화탄소이지만 지구의 대기에는 0.03%밖에 들어있지 않다. 행성의 대기 성분이 태양으로 인하여 더워진 지표면에서 반사되는 적외선을 잡아두고 있다. 금성은 짙게 덮여 있는 이산화탄소로 인한 과도한 온실효과 때문에 현재의 연옥 지대가 형성됐다.

원시의 태양계에서는 지구와 금성의 성분 비율이 같았던 것으로 추정한다. 금성의 수증기는 태양의 자외선으로 수소와 산소로 분해되어, 수소는 우주 밖으로 날아갔고 산소는 금성 표면의 철과 결합하여 표면에는 이산화탄소만 남았다. 높은 온도의 암석에 들어있던 탄소마저 이산화탄소로 변화되어 금성의 표면에는 이산화탄소의 양이 더욱더 증가했다.

한편 태양에서 금성보다 조금 더 멀리 떨어진 지구에서는 수증기가 액체의 물로 되어 바다가 만들어졌다. 이 물에 이산화탄소가 녹아들었고 머지않아 발생한 식물이 이산화탄소를 산소로 변화시켰다. 과학자들의 추론에 따르면 지구상의 석회암과 유기물로 축적된 탄소를 전부 이산화탄소로 만든다면 현재 금성에 있는 이산화탄소의 농도에 근접할 것이라 한다.

본래 지구를 따뜻하게 유지해 주는 역할을 하던 온실효과의 균형이 깨져가는 문제가 지구 파멸의 문제로 대두되고 있는 것은 지구의 금성화(金星化)를 떠올리기 때문일 것이다.

지구 대기의 이산화탄소량은 차츰차츰 증가하고 있다는 보고가 많아지고 있다. 하와이의 마우나로아(Mauna Loa) 화산에서 1958년 이래의 이산화탄소 측정치가 이를 뒷받침해 주고 있다. 즉 1958년에 317PPM(0.032%)이던 대기 중 이산화탄소의 농도는 1987년에 348PPM(0.035%)으로 증가했다. 그뿐 아니라 북극의 오래된 얼음 안에 갇혀있는 공기의 분석 결과도 19세기 중엽의 대기 중 이산화탄소의 농도는 280PPM 정도였다고 추정하고 있다. 이산화탄소 농도가 백여 년 사이에 약 20%나 증가한 셈이다. 이 변화는 지구상의 현상으로써는 상당히 급격한 변화이다. 산업 사회가 진전됨에 따라 석탄, 석유류의 연소는 더욱 증가할 것이고 인구 증가에 의한 삼림의 벌채도 증가할 것이다. 결국, 인류의 생산 활동이 가속될수록 이산화탄소는 지구 대기 중에 더 많이 축적되는 결과를 초래한다.

　미국의 한 환경 연구소의 보고서에 의하면 현재와 같은 에너지 소비가 계속될 때 그 에너지 효율을 1%씩 개선해 나간다 해도 서기 2070년대에는 대기 중 이산화탄소의 농도가 600PPM에 달할 것으로 예상한다. 이만큼의 이산화탄소의 농도 증가로 도래할 온실효과는 지구의 평균 기온을 1.5~3.5도까지 끌어올리리라 추정한다. 이만큼의 기온 변화는 빙하기와 현재의 온도 차에 해당하며 기상이나 생태계에 끼칠 영향은 예측할 수조차 없을 만큼 클 것이라고 한다. 이러한 지구의 온난화는 남북극의 얼음을 녹일 것이고 이는 현재의 육지가 바다 밑으로 가라앉을 것이라는 우려를 낳는다. 이 결과로 2100년대에는 현재의 해면이 1.4~2.2m나 상승할 것이라는 예측에 도달케 한다. 이렇게 되면 세계 인구의 25%인 약 10억 인구가 사는 지역이 물속에 잠길 것으로 추정하고 있다. 이 결과는 농업에도 막대한 피해를 줄 것이다. 해수의 침입으로 농지는 물론이고 수로와 호수, 지하수도 바닷물로 오염될 것이다.

　또 한발(가뭄)로 사막화가 진행되는 한편 열대성 태풍도 자주 발생하고, 그 위력(강도)도 40~50%쯤 증가한 초대형 태풍이 세계 곳곳을 강타하고 장마 피해도 뒤따를지 모른다. 기온이

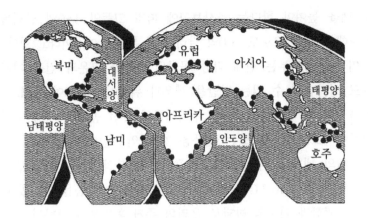

〈그림 36〉 해수면 상승으로 침수가 예상되는 지역

1℃ 상승할 때마다 예전과 같은 조건의 기후를 만나기 위해서
는 북쪽으로 100~150㎞씩 올라가야 한다는 조사도 있다.

최근 지구의 온실효과에 대비하여 미국 등지에서는 다양한
대책이 강구되고 있다. 미국의 동서 해안 지역의 몇 개 주와
지방 정부들은 이미 대처 방안을 논의하기 시작했다. 바닷물에
의한 해안 침강, 식수원인 강과 호수에 대한 오염을 막기 위해
댐을 쌓고 바닷물의 유입을 분리할 수로를 따로 만드는 계획도
포함되어있다. 남·북캐롤라이나, 메인, 플로리다주 등은 해안지
역의 건축을 통제하기 위하여 새로운 기준령 제정에 들어갔다.
또 미국 농무부는 곡창 지대의 강수량이 40% 떨어질 것에 대
비하여 댐과 각종 수자원 시설의 개조에 70~230억 달러를 투
입할 계획이라고 밝혔다.

유럽에서도 네덜란드는 이미 30년 전부터 온실효과에 대비를
해왔으며 그동안의 지식과 기술을 인도네시아와 몰디브에 제공
하고 있다. 네덜란드 정부는 국토를 보호하기 위하여 1m 정도

120

로 댐을 높여야 한다는 조사보고에 따라 그동안 150억 달러를 투자해 왔고, 앞으로도 100억 달러를 더 투입할 예정이라고 한다.

미국의 농무부는 현재 각종 곡물의 종자가 고온과 건조 기후에도 살아남을 수 있는 방안을 세우기 위하여 1,000여 종의 종자를 수집해 왔다. 애리조나 주립대학의 유전 공학 연구팀은 바닷물에서도 자랄 수 있는 신품종 개발 연구를 진행 중이다. 이스라엘의 네게브 사막에서는 벤구리온 대학의 연구팀이 개발한 과일과 포도가 46.1℃의 기온에서도 성장할 수 있음을 확인했다.

산업과학과 기술의 발달로 우리의 주거 환경은 온난화의 경향으로 기울고 있는 것 같은데 이것은 여러 가지 측면에서 제고하고 검토할 문제이다. 이산화탄소뿐 아니라 냉매(冷媒), 용매(溶媒), 분무제(噴霧劑) 등으로 쓰이는 프레온(Freon, CFC: chloro-fluo-carbon), 메탄, 수증기 등의 축적도 온실효과를 가속하는 요인으로 지적되기도 한다. 이러한 여러 가지를 고려할 때 우선 지구상의 녹색지대가 파괴되면 이산화탄소의 흡수가 감소할 것이고 결국은 온실효과만이 증진될 것이다. 우주적 시야를 가지고 인간이 할 수 있는 모든 상상력, 공상력을 바탕으로 한 국제적 기구를 설립하여 지구 대기의 관리에 힘써야 할 것이고 우리로서도 국토 보전과 미래 대책을 거국적으로 마련해야 할 것이다.

42. 오존층

우리 지구는 거대한 규모의 대기로 둘러싸여 있는데 우리들

의 생존에 큰 영향을 끼치는 부분은 세 개의 대기권으로 구분
하고 있다. 우선 지구 표면에서 약 8~10km 두께의 대류권이
있다. 이 기층 중 약 3km 두께 안에서 모든 기상 현상이 일어
나고 있으며 지구 대기의 약 50%가 이 안에 퍼져있다. 그래서
지상 3km 이상의 고공을 탐험하려면 필요한 산소를 가지고 가
야 한다. 이 기층 안에서는 일체의 기상 변화가 없고 기온이
거의 일정하게 유지된 채(약 -50℃) 지구 자전으로 인하여 일
정한 방향의 바람이 불고 있다.

대류권 위, 지상에서 약 11~80㎞의 기층은 성층권이라 하
고, 지상에서 약 80㎞ 이상 600㎞의 기층은 전리권이라 하며,
그 밖에 외기권이 있다.

지구 표면에서 수십 ㎞(고도 30㎞ 전후)에 걸쳐 있는 오존층
은 최근에 와서 그 중요성이 크게 주목받고 있다. 오존층은 전
체적으로 볼 때 지구상에 있는 모든 생명체(어느 수준 이상의
수심에서 살아가는 생물은 제외함)를 보호하고 있는 이불이나
보호막과 같은 일을 하고 있다. 지구에는 태양으로부터 강렬한
자외선이 쉴 새 없이 내리쬐고 있다. 이 중에서 짧은 파장의
자외선은 생물에 치명적인 피해를 준다.

자외선은 가시광선과 X선 사이의 영역의 전자파로써 파장이
400mμ에서 수십 mμ까지의 것을 지칭한다. 이것을 흔히 UV-
A(파장 400~320mμ), UV-B(파장 320~280mμ), UV-C(파장
280mμ 이하)의 3종으로 분류하고 있다. 이 중 생물체에 강한
피해를 주는 것은 UV-C이다. 이 파장의 영역에서 DNA는 가
장 잘 흡수되므로 생물체의 변이 현상을 일어나게 한다. 파장
이 230mμ 이하이면 단백질에 잘 흡수되므로 단백질은 파괴되

고 만다. 그러므로 이 파장 영역의 자외선은 살균용으로 활용되기도 한다. 다행히도 이 파장 영역의 자외선은 오존에 흡수되므로 지구까지 도달할 수가 없다. 오존이 지구상의 모든 생명체에 대하여 이불이나 보호막의 기능을 수행한다는 것은 이를 두고 하는 말이다.

따라서 지구 대기에 오존층이 형성되지 않은 시대에는 지구상의 생명체는 태양의 자외선을 피하여 바다의 깊은 곳에서나 살아남을 수 있는, 그것도 아주 원시적인 모양으로밖에는 존재할 수 없었을 것이라는 추측이다. 그러므로 지구 대기에 오존층이 만들어지고 강렬한 태양의 자외선이 차단됨에 따라 지구상의 생명체는 번영하기 시작하였고, 아울러 급격한 진화가 이루어져 차츰 바다에서 지상으로, 고등 동물로 진화할 수 있었을 것이다.

만일 오존층의 파괴가 차츰 진행된다면 지구는 다시금 고등한 육상 생물이 살아남을 수 없는 행성으로 변할지도 모른다. 이처럼 놀라운 위험성의 인식이 반드시 확실한 인과 관계가 밝혀지지 않은 단계에 있다 하더라도, 아무튼 프레온(염소·불소·탄소로 된 화합물: Dupont사 제품명)의 사용을 규제해야 한다는 국제적 합의에 이르고 있는 것이 현실이다.

우리의 오존층이 파괴되고 있다는 것은 확실하나 얼마나 파괴되고 있는지는 아직 충분히 파악되고 있지 않다. 즉 오존층이 확실히 파괴되어 가고 있다는 것은 틀림없어도 오존층의 어느 부분이 어느 정도로 파괴되고 있다는 구체적 실태는 아직 모르고 있다. 이는 오존층의 변동에 대한 측정 기술이 불충분한 데 기인한다. 오존층 측정의 정밀, 정확도도 불충분하며 오

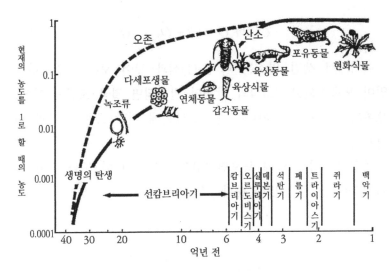

<그림 37> 지구에서의 산소 · 오존의 생성과 생물의 진화

존의 공간적 분포상태의 파악도 불충분하고 그 시간적 변동 상태도 정확히 파악되어 있지 않은 상태이다.

또 오존이 왜 파괴되고 있는지 그 파괴 과정의 내용도 잘 알려져 있지는 않다. 그러나 부분적으로 그 파괴 과정은 어느 정도 알려져 있다. 예를 들면 염소, 불소, 탄소의 결합물(프레온)은 태양의 자외선을 흡수하여 광해리(光解離)하여 염소 원자를 발생하고 이 염소 원자가 오존과 반응하여 일산화염소와 산소로 변한다. 그 변화는 다음과 같다.

$$Cl + O_3 \rightarrow ClO + O_2 \quad \cdots\cdots (1)$$

여기에서 생긴 일산화염소는 산소원자와 반응하여 다시 염소로 환원된다. 즉

$$ClO + O \rightarrow Cl + O_2 \quad \cdots\cdots(2)$$

여기에서 생긴 염소는 다시 (1)식과 같이 오존과 반응하는 일이 되풀이되고, (2)식의 반응이 반복되면 결국 오존의 파괴, 오존의 감소가 야기된다(그림 〈프레온에 의한 오존층 파괴 현상〉 참조).

위의 두 식을 함께 묶으면 (3)식이 되는데 이 또한 오존 파괴의 과정을 잘 설명해 준다. 즉

$$Cl + O_3 \rightarrow ClO + O_2$$
$$+) \ ClO + O \rightarrow Cl + O_2$$
$$O_3 + O \rightarrow O_2 + O_2 \quad \cdots\cdots(3)$$

결국 위 반응에서 염소는 오존을 파괴하는 촉매로써의 작용을 하고 있음을 잘 설명해 주고 있다. 한편 연구결과에 따르면 오존을 파괴하는 촉매로서의 작용은 염소뿐 아니라 수소 산화물(HO_X: '혹스'라 읽는다)이나 질소 산화물(NO_X: '녹스'라 읽는다)도 똑같은 촉매로서 오존을 파괴하는 것으로 추정하고 있다. 자연계에는 HO_X, NO_X 등이 존재하는데 이에 더하여 인위적으로 만들어진 것에서 발생하는 수도 있어서 프레온에 못지않게 오존을 파괴하는 주원인이 된다는 것이다.

오존의 파괴는 이 원인뿐만 아니다. 위의 반응식에 의한 촉매작용이 없이도 태양의 자외선이 오존에 닿으면 다음과 같이 오존은 파괴된다.

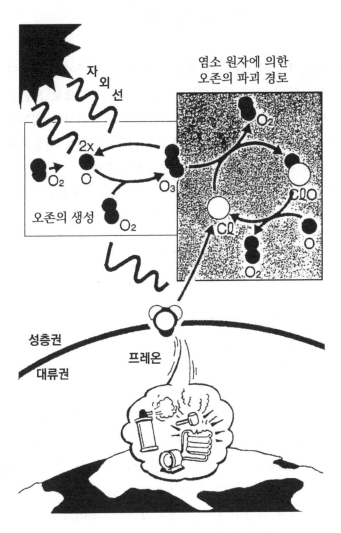

〈그림 38〉 프레온에 의한 오존층 파괴 현상

$$O_3 + h\nu \rightarrow O + O_2 \quad \cdots\cdots(4)$$

$$O + O_3 \rightarrow O_2 + O_2 \quad \cdots\cdots(5)$$

위 식에서 hν는 빛 에너지를 의미한다. 이것이 일반적인 자연 안에서의 오존이 파괴되는 과정이다. 일상적으로 오존은 자연 안에서 위 식과 같은 과정으로 태양의 자외선에 의해서 파괴되고 있다. 이 과정에 더하여 (1)~(3)식의 촉매 작용으로 더욱 오존의 파괴가 촉진된다는 데 문제가 있다.

오존은 자연 안에서 파괴되는 한편 차츰 생성되기도 한다. 오존의 생성 역시 태양의 강렬한 에너지에 기인한다.

$$O_2 + h\nu \rightarrow O + O \quad \cdots\cdots\cdots(6)$$

$$O + O_2 + M \rightarrow O_3 + M \quad \cdots\cdots(7)$$

위 두 식은 산소 분자가 태양의 자외선을 흡수하여 광해리되어 산소원자로 되는 과정이다. 광해리된 산소 원자는 산소분자와 반응하여(식 중의 M은 촉매를 의미하고 공기 중의 질소 등이 촉매로서의 기능을 한다) 오존을 만들어 낸다.

오존의 생성은 성층권의 상층에서 산소가 파장이 240mμ 이하의 자외선을 흡수함으로써 비롯된다. 이렇게 만들어진 오존은 파장이 600mμ 부근의 가시광선이나 320mμ 이하의 자외선을 흡수하면 분해를 일으켜 산소분자로 되돌아간다. 이 오존의 생성과 소멸의 과정이 균형을 유지할 때는 높이(고도) 30㎞ 전후의 성층권 중간 부분을 중심으로 하여 안정된 오존층이 형성된다. 사실 육상 생물이 지구상에 탄생한 약 4억 년 전부터 이 오존층은 안정화되었을 것이다.

그런데 현대의 문명사회가 만들어짐에 따라 '프레온'과 같은 인공적 가공 물질이 급격히 증가하여 그 결과로 앞의 (3)식에 의한 오존 분해가 가속됨으로써 오존의 생성과 소멸의 균형이 소멸 쪽으로 기울었고, 이는 오존층의 파괴로 해석되어 오존층의 문제가 대두된 것이다.

이렇게 말하면 오존층 파괴의 메커니즘이 이미 알려진 것 같은 인상을 줄지 모르나 이 문제에서 한 발 깊이 내디디고 보면 모르는 일이 너무 많은 것에 실망할 것이다. 위에서 설명한 여러 반응 사실은 그 개략적 주요 반응에 불과하다. 이에 부수되어 2차, 3차의 연쇄 반응이 일어나기 때문이다. 결국, 오존의 생성과 파괴반응의 전체모습을 잡으려고 하면 일반적으로 이에 관여하는 50종 정도의 화합물에 대하여 10가지의 반응식을 두고 그 상호작용을 고려, 검토해야 하는 것으로 추정하고 있다.

또 오존층의 거동을 예측하려면 위에서 말한 복잡한 화학반응에 더하여 대기의 지구 규모의 운동까지 고려한 입체적 모델을 완성해야 하는데, 이러한 모든 요인을 결합한 입체적, 수리적 모델을 만드는 일은 현시점에서는 불가능하다. 현재 국제적으로 5~6가지의 이러한 모델이 제시되어 있기는 하지만 그 신뢰성에는 많은 의문과 문제가 내포되어 있다.

지금 프레온의 문제 하나만 놓고 보아도 프레온으로 인한 오존층 파괴가 장차 어느 정도까지 진행될 것인지도 잘 모르고 있다. 그런데도 오존층 보호를 위한 국제 조약이 논의되기 시작한 것은 1985년부터이다. 1985년에는 오스트리아의 빈에서 오존층 보호 국제 조약이 체결되었고, 이어 1987년에는 캐나다의 몬트리올에서 오존층을 파괴하는 물질의 규제에 관한 의

128

〈표 1〉 몬트리올 의정서

● 몬트리올 의정서의 규제법

규제 물질	규제 개시 시기	소비량	생산량
프레온	의정서 발효 후 7개월째 첫날	1986년 수준으로 동결	1986년 수준의 110% 이하
	1993년 7월 1일	1986년 수준의 80%	1986년 수준의 90% 이하
	1998년 7월 1일	1986년 수준의 50%	1986년 수준의 65% 이하

● 규제 대상 물질

그룹	물질	방출량 (kg/년)	수명 (년)	오존을 감소시키는 능력의 크기*
그룹 I	$CFCl_3$(프레온11)	342	65	1.0
	CF_2Cl_2(프레온12)	444	130	1.0
	$C_2F_3Cl_3$(프레온113)	163	90	0.8
	$C_2F_4Cl_2$(프레온114)	–	180	1.0
	C_2F_5Cl(프레온115)	–	380	0.6
그룹 II	CF_2BrCl(파레온1211)	~10	25	3.0
	CF_3Br(파레온1301)	~10	110	10.0
	$C_2F_4Br_2$(파레온2402)	–	–	미결정

*프레온11을 기준으로 한 값.이 값은 현재의 지식에 근거한 값으로 장치는 정기적으로 개정될 것임.

정서가 결의되었다. 결국, 이 두 차례의 국제적 합의 사항에 따르면 프레온의 소비량을 1986년 수준의 절반 이하로 줄여야 한다는 것인데 그 구체적 내용은 다음과 같다. (〈표 1〉 몬트리올 의정서 참조)

실제로 오존층은 현재 어느 정도 파괴되고 있는지를 파악하기 위하여 세계 각지에서 관측된 자료를 수집하여 그 신뢰도를 평가하면서 종합적으로 해석하려는 의도로 1986년부터 미국항공우주국(NASA), 미국 해양대기청(NOAA), 세계기상기구(WMO), 국제연합환경계획(UNEP) 등과 상호 협력하면서 오존 감시 국제위원회가 설립되었다. 이 기관에서 약 2년의 관측 자료의 검토 결과에 따르면 1969년에서 1986년 사이에 지구 전역에 1년 평균 2~3%의 오존 감소가 일어났다고 보고하고 있다.

이 정도의 오존 감소로는 생물체에 해로운 UV-C(파장 280mμ 이하)가 투과할 가능성은 희박하므로 현 상태로는 큰 논란을 불러일으킬 만한 단계는 아니라는 해석도 가능하다. 그러나 문제는 전체의 평균값으로는 대수롭지 않다고 하지만 부분적으로는 대단히 큰 변동이 일어나고 있다는 사실이다. 그 한 극단의 예는 1987년에 남극에서 관측된 오존홀 현상이다. 여기에서 관측된 오존 감소율은 50~60%에 달하는 상상을 초월한 규모였다.

오존홀의 발생은 다행히도 남반구의 초봄에 한하고 얼마 후에 원상태로 회복되었으니 망정이지 만일 이러한 오존홀이 정착한다면 큰 일이 아닐 수 없다. 이것이야말로 지구상의 생물체에 대하여 심각하고 위협적인 영향의 가능성을 고려해야 한다. 또 최근에는 북반구에서도 소규모의 '오존 미니홀'이 생겨

130

났다가 소멸하는 일이 반복되고 있다는 보고도 있다.

중위도 지역에서 오존 농도가 1% 감소하면 UV-B(파장 320
~280mμ)의 양이 2% 증가한다는 관측 보고도 있다. 그리고
UV-B에는 피부암의 발생률을 높이는 작용이 있으며 UV-B가
2% 증가하면 피부암의 발생률은 4~8% 높아진다는 보고도 있
다. 그 밖에 백내장과 같은 눈의 질환을 증가시키고 면역 능력
을 약화하는 작용이 UV-B에 있다는 주장도 나오고 있다. 이런
일은 UV-B가 DNA에 장애를 주는 결과가 아니냐는 해석도 있다.

어느 면에서 고찰하든 간에 오존층의 파괴가 생물, 생태계에
어떠한 영향을 초래하느냐 하는 것은 중요한 문제이지만 이에
대한 연구는 이제 막 시작한 단계에 있을 뿐이다.

또한 오존층의 문제는 우리의 생존과 밀접한 관계를 맺고 있
는 중대한 문제인 반면 이에 대하여 해명해야 할 의문들은 산
적해 있다. 여기에서 우선 무엇보다도 필요한 것은 오존층의
현실적 동태파악을 위한 여러 가지 방법과 기술을 개발하는 일
이다. 결과적으로 오존층의 파괴는 인간을 포함한 지구상의 모
든 생명체에 치명적 파멸을 초래할 것이 틀림없다. 오존층이
파괴되어 자외선이 증가한다 하더라도 사람의 눈에는 자외선이
보이지 않으므로 아무도 이 무서운 자외선에 노출되어 있음을
실감하지 못하니 딱한 노릇이 아닌가. 결과적으로 우리의 몸이
치명적 손상을 입고 있으면서도 우리들 스스로는 실감하지 못
하기 때문에 이것이 무서울 수밖에 없다.

맺음말

이제까지 우리는 기체(공기와 같은 것)가 정기(精氣)와 같이 신기한 것으로 추정하던 때로부터 오늘과 같이 공기의 성분이 확실하게 밝혀지고 공기의 작용이나 우리들의 일상생활에 밀접하게 관계된 여러 사실이 명확하게 알려지게 되기까지 대략의 역사를 추적해 왔다. 공기와 같이 얼핏 생각하기에 대단히 단순한 물질로 여겨지는 것이라도 그 실체를 파악하고 이해하기까지는 오랜 세월과 많은 과학자의 이루 다 헤아리기 어려운 노고가 필요했다는 것을 실감했으리라.

우리를 앞서간 뛰어난 많은 과학자의 노고의 덕분에 오늘날 우리는 공기에 대한 바른 지식을 쉽게 배울 수 있다. 그러나 이제 공기에 대한 모든 것이 다 밝혀졌으므로 더 이상 연구할 것이 없다고 생각해서는 안 된다. 우리 앞에는 아직도 미지의 것이 가득 차 있다는 것을 잊어서는 안 된다. 더욱이 미지의 사항들에 관해서는 독자 여러분과 같은 꿈나무들의 몫이므로 책임을 갖고 해명해 내야 한다. 그러므로 이 책은 우리를 앞서간 창의적인 과학자들이 미지의 사항들을 어떻게 찾아 그 실태와 내막을 어떻게 해명하였는지 그 개요를 소개함으로써 앞으로의 여러분이 미지의 문제를 발견하고 그것을 해명해 갈 새로운 세계로의 안내 역할을 한 데 불과하다.

이제까지의 『공기의 탐구』를 하나의 디딤돌로 삼아 더욱 분발하여 '이상하고', '아직 모르는', '더욱 아름다운 자연 세계의 이해'에 대하여 많은 성과를 올리도록 정진할 것을 기대한다.

공기의 탐구

1 쇄 2018년 01월 15일

지은이 김기융
펴낸이 손영일
펴낸곳 전파과학사
주소 서울시 서대문구 증가로 18, 204호
등록 1956. 7. 23. 등록 제10-89호
전화 (02)333-8877(8855)
FAX (02)334-8092
홈페이지 www.s-wave.co.kr
E-mail chonpa2@hanmail.net
공식블로그 http://blog.naver.com/siencia

ISBN 978-89-7044-799-5 (03430)
파본은 구입처에서 교환해 드립니다.
정가는 커버에 표시되어 있습니다.

도서목록

현대과학신서

도서목록
BLUE BACKS